ZHIWU ZHISHI GUSHI

小学生 **益智故事** 系列

植物知识故事

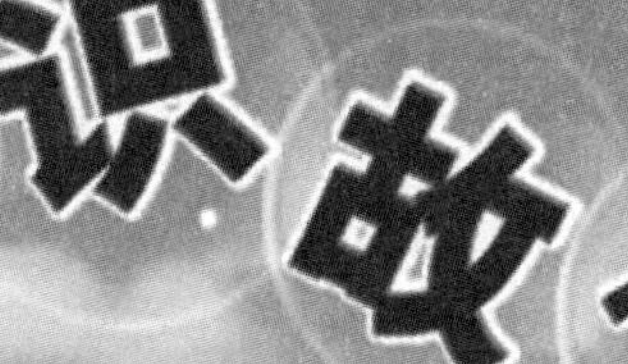

编著／刘　峰　张　慧　徐菁菁
张晓红　张　笛

APGTIME 时代出版
时代出版传媒股份有限公司
安徽科学技术出版社

图书在版编目(CIP)数据

植物知识故事/刘峰等编著. —合肥:安徽科学技术出版社,2012.10（2023.1重印）
（小学生益智故事系列）
ISBN 978-7-5337-5776-2

Ⅰ.①植… Ⅱ.①刘… Ⅲ.①植物-少儿读物
Ⅳ.①Q94-49

中国版本图书馆 CIP 数据核字(2012)第 214704 号

植物知识故事　　刘 峰 等 编著

出 版 人:丁凌云　　选题策划:王 霄　　责任编辑:王 霄
责任校对:沙 莹　　责任印制:廖小青　　封面设计:朱 婧
出版发行:安徽科学技术出版社　　http://www.ahstp.net
(合肥市政务文化新区翡翠路 1118 号出版传媒广场,邮编:230071)
电话:(0551)3533330
印　　制:阳谷毕升印务有限公司　　电话:（0635）6173567
(如发现印装质量问题,影响阅读,请与印刷厂商联系调换)

开本:710×1010 1/16　　印张:10　　字数:110 千
版次:2012 年 10 月第 1 版　　2023年1月第5次印刷

ISBN 978-7-5337-5776-2　　定价:38.00元

目　　录

植物童话故事

植物奇趣故事

植物与人的故事

植物童话故事

这是一个有趣的绿色王国，王国里有无数个成员，他们虽然不能挪动脚步，但成员之间并不缺少故事。

你听，根、茎、叶正在争论着什么，小豆圆圆的经历更会让你大吃一惊，种子们会告诉你把新家安在哪儿……

这些童话不仅有趣、甜美、温馨，更重要的是它们能告诉你许多与植物有关的知识。

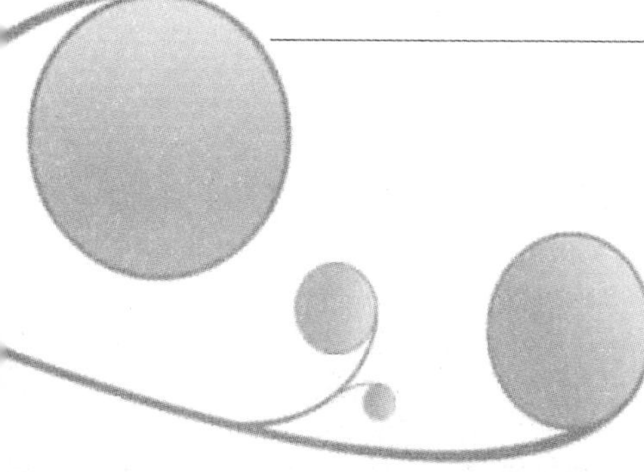

根、茎、叶的争论

小树家的成员——根、茎、叶都在吹嘘(xū)自己的本领。

根说："我的作用是谁都知道的。是我把小树牢牢地固定在大地上；是我吸收水分和土壤里的营养，让小树长大、长粗的。"

叶说："我的作用不用说大家也是知道的。是我在接收阳光，吸收二氧化碳，制造氧气和营养物质；天热的时候，是我及时蒸发水分，才不会让小树热死的；是我吸掉了灰尘，净化了空气，美化了环境。"

茎说："我同意你们的说法，不过你们谁也不能瞧不起我。如果没有我的运输管道，没有我及时储存营养，你们吸收、蒸发都是白费力气，小树也不可能生长。"

根和叶也同意茎的看法。

那么，一棵树上谁的作用最小呢？根和叶都说："本领最小的就数树皮了。"

茎说："树皮虽然是我的外衣，但如果没有他，我们小树同样不能成活。"

根和叶轻蔑(miè)地哼了一声，谁也不相信茎的话。于是茎决定给根和叶一次教训，让他们知道树皮的作用。茎偷偷地关掉了树皮里的一条主要运输线。

不久，根突然发现自己得不到营养了，饥饿难忍，急得他大

叫起来:“我饿!我饿!”

不一会儿,叶也急得大叫起来:“我没有水分了,我渴!我渴!”

这时,茎开口说话了:“你们不是说树皮没有作用吗?这回该知道了吧,没有树皮,小树同样活不了。”

根和叶很惭愧,不敢说话了。

茎明白他们知道自己错了,这才开通了树皮里的运输线。

小白杨烦叶儿

真的有不想长叶儿的树吗?当然有啦,不信你瞧,这儿就有一棵。

这是一棵长满绿叶儿的小白杨。别看她美得出众,可却娇气得很。你听,小鸟来了,叽叽喳喳兴奋地大叫:“这棵树叶儿真多,是最适合我们游戏的地方!”小白杨一听叫声,打心里不高兴,高声地说:“叫什么!有什么好!烦死了!”于是,她把枝条挥动得咔(kā)咔响。小鸟吓得扑扇着翅膀远远地飞走了。

“有叶儿真烦!”小白杨自言自语。

不一会儿,一只知了飞来了。“这可是个好地方。”知了说完,便“知——了,知——了”地叫了起来。

“烦死我啦!”小白杨气得浑身抖动,枝条敲着知了的背咚咚响。知了带着哨声,飞得无影无踪。

“当初不长叶儿该多好!”小白杨自言自语。

小白杨的怒气还

没有消，树下又来了一群娃娃。

“这儿树荫很浓，我们就在这儿玩吧。”领头的大娃娃建议。于是，大家一块儿唱起了歌，做起了游戏。

轻快的歌声不但没有给小白杨带来快乐，反而让她更加烦躁(zào)不安。她一边沙沙沙地摆动叶儿，一边气得大叫：“我不要叶儿！我不要叶儿！”

叫喊一阵后，小白杨困了，渐渐地进入了梦乡……

在梦里，她真的变成了一棵没有叶儿的光秃秃的小树。她感到格外轻松，兴奋地舞动着枝条。

忽然，她觉得浑身乏力，天旋地转，胸闷(mèn)难忍。这是怎么了?原来，因为没了叶儿，她呼吸不了；树根吸收的水分，她也蒸发不了。小白杨急得大叫：“救命！救命！”

叫声惊动了她身边的榆树，榆树连忙把她从梦中摇醒。

“我需要叶儿！我不能没有叶儿！”这时的小白杨才真正懂得了叶儿的作用。

知识小贴士

白杨为3种杨柳科杨属植物的通称，原产北半球，较其他杨属植物分布于较北较高处，以叶在微风中摇摆而闻名。因分蘖快，多生长成林，罕见单株者，甚有益于自然景观。树皮灰绿平滑，分枝自然；绿叶茂密，秋天转为鲜黄；雌雄异株，春天柔荑(tí)花序先叶开放。

不想长根的小树

有一棵小树长在小山坡上，太阳照耀着他，暖风吹拂(fú)着他，这样的生活多么美满幸福呀！

但是，小树并不感到称心如意，因为他没有腿，只有根。深深地扎进泥土的根牢牢地将他束缚(fù)着，他走不了，不能和小动物们一起做游戏，不能和小朋友们一起放风筝。

“如果我不长根，长上腿，那该多好！”他站在温暖的阳光下，

迷迷糊糊地闭着眼，美美地想，“可是，谁能够帮助我呢?”

“我可以帮助你。”

突然，从小树的身下传来苍老的说话声。他吓了一大跳，连忙低头看，啊，树下正坐着一位白胡子老爷爷。

“老爷爷，您有办法吗?帮帮我好吗?”小树迫不及待地向老爷爷请求着。

“哈哈！你已经长出腿啦！”老爷爷说完，忽然消失了。

小树立即低头看，果然，连接树干的树根不见了，长出的是两条粗壮的腿。

小树兴奋得差点儿翻起跟头。他一边撒腿奔跑，一边大喊大叫：“我有腿啦！我能走路啦！”

小动物们听见叫声，纷纷围拢(lǒng)过来，他们也为小树长出双腿而感到高兴。

小树成了小动物们的好朋友，大家在一起，快快乐乐地做游戏。

不知不觉，天黑了，小动物们要回家睡觉了。小树也累了，想躺下休息一会儿，可是不行，因为这样会压断树枝的；他想从土壤里汲(jí)取养料和水分，可是也不行，因为没有根呀。这下可急坏了小树。

“我没有吃的，也没有喝的，会饿死、渴死的。这可怎么办呀？”小树不禁呜呜地哭了起来。

突然，他眼前一亮。啊，原来是自己做了一个梦。

从此以后，小树再也不讨厌自己的根了。

种子安新家

蒲(pú)公英乘坐着降落伞,借着风,轻快地飞着。她正在寻找安家的地方。

蒲公英飞着飞着,遇上了棉花妈妈。

“棉花妈妈!棉花妈妈!秋天到了,您的娃娃都安家了吗?”蒲公英关切地问。

“噢,是蒲公英呀。”棉花妈妈抬头笑着说,“我们的娃娃可用不着牵挂哩。我们和稻子、玉米、高粱一样,成熟以后,农民伯伯会把我们弄干净,收藏起来,大部分制成物品或吃了,留下一些在第二年播下,我们的娃娃就又能发芽、长大啦。”

“原来是这样。”蒲公英明白了,点点头,然后继续往前飞。

蒲公英飞着飞着,遇上了豆妈妈。

“豆妈妈!豆妈妈!秋天到了,您的娃娃都安家了吗?”蒲公英飞上去问。

“噢,是蒲公英呀。”豆妈妈笑着回答,“我们的娃娃用不着牵挂,农民伯伯会把娃娃们收回家。如果被遗(yí)忘了,只要他们躺在太阳下,豆荚(jiá)会自己炸开,把他们送给土壤(rǎng)妈妈。”

“嘻(xī),真有意思!”蒲公英觉得很有趣,笑了笑,接着向前飞。

蒲公英飞着飞着,遇上了苍耳妈妈。

“苍耳妈妈!苍耳妈妈!秋天到了,您的孩子都安家了吗?”蒲公英过去问。

“噢,是蒲公英呀。”苍耳妈妈笑着回答,“我的娃娃主意多,他们已经穿上了带刺的铠(kǎi)甲,如果哪个小动物碰上,我的娃娃就会被带走,去别处安家。”

“啊,真有办法!借用小动物的腿,自己不用走,好办法!”蒲公英一边赞叹,一边升起降落伞,继续往前飞。

没飞多远,蒲公英又遇上了农民伯伯正在播种着什么。

“农民伯伯,你们在种什么呀?”蒲公英问道。

“我们正在种花生呢。第二年,花生的娃娃才长大,他们藏在地下面,我们会挖出他们的。”农民伯伯解释。

蒲公英明白了,点点头。

这一回,蒲公英玩了许多地方,知道了种子们是怎么安家的。风姑娘走后,蒲公英落在了一块贫瘠(jí)又荒凉(liáng)的土地上。但她没说什么,因为她觉得这儿最需要她。

蒲公英有了新家。

小猪种蚕豆

天气凉了，大家开始种蚕(cán)豆了。小羊送给好朋友小猪三粒蚕豆。小猪心想："这三粒种子做什么用呢?吃了怪可惜，还是把他们种下地吧。这样，一粒种子会长成一株蚕豆苗，又能结出许多种子，那该多开心！"小猪就这样决定了。

可是，种子该种在哪儿呢?小猪又想开了："我得把他们种在三处不同的地方，看看在哪儿长得最好。"

第二天，小猪起了个大早，开始种蚕豆。他把第一粒种子种在屋檐(yán)下，那儿雨淋(lín)不到，土壤格外干燥(zào)；他把第二粒种子种在田地里，那儿阳光充足，土地肥沃(wò)，土壤湿润；他把第三粒种子种在池塘里，清清的水淹没了种子。

三粒种子下了地，小猪心里很高兴，蹦蹦跳跳回到家，呼噜噜睡起觉。在梦里，小猪看见三株豆苗结

满豆荚(jiá),像一串串小铃铛,有趣极了。

几天过后,小猪来看种下的小豆。他先看了屋檐下的小豆,还没有发芽,盖上的土原样儿。接着去看池塘里的小豆,也是原样儿,没有发芽,盖着的泥巴没有动。最后来看田地里的小豆,小猪兴奋得差点儿翻了个跟头,小豆竟长出了嫩芽儿,白白的,可爱极了。小猪俯下身子,左看右看,脸上笑开了一朵花。

可是,当小猪站起身时,他不禁想起了屋檐下和池塘里的小豆,因为三处小豆是一同种下的,为什么只有一处发芽了,而另两处没有发芽呢?会不会……小猪想到这儿,担心极了,连忙奔向小羊家,去请教好朋友小羊。

小羊听完小猪的话,可惜得跺(duò)起双脚。

“小豆的生长离不开阳光、空气和适宜的水分。屋檐下土地干燥,缺少水分,小豆当然不发芽;池塘里水又太多,种子缺少空气,发芽是不可能的。你呀……”小羊埋(mán)怨道。

“我真蠢(chǔn),又做了一件傻事。”小猪很后悔。

蚕豆、又称胡豆、佛豆、川豆、罗汉豆。一年生或两年生草本植物。其为粮食、蔬菜和绿肥、饲料兼用作物。蚕豆起源于西南亚和北非,相传西汉时期由张骞自西域引入中国。蚕豆含 8 种氨基酸,碳水化合物含量 47%~60%,营养价值丰富。蚕豆可食用,也可制酱、酱油、粉丝和粉皮,还可作饲料、绿肥和蜜源植物种植。

小豆圆圆历险记

1 跳出豆壳

秋天是个金黄色的季节。你瞧,小草枯了,大山变得金黄;树叶儿黄了,飘出满天的蝴蝶。

秋天是个收获的季节。稻子熟了,沉甸甸地弯着腰;高粱熟了,吃力地垂着头;小豆圆圆也成熟了,可她还躲在干燥的硬壳儿里呢。小豆听着外边农民伯伯收获庄稼的欢笑声,听着小动

物们的嬉(xī)闹声,她着急了,她想跳出来,好好看看外面热闹的景象。

可是,硬壳儿紧紧地包裹(guǒ)着她,谁能帮她跳出来呢?小豆闷(mèn)闷地躺在硬壳里,使劲地想啊,想主意。突然,一阵暖风袭(xí)来,这使她一下子想起太阳公公来。

“说不定太阳公公可以帮我这个忙。”小豆心里美美地想。

于是,小豆向太阳公公请求说:“太阳公公!尊敬的太阳公公!我是硬壳里的一粒小豆豆。我想跳出壳,去外边游一游,您能帮我吗?帮我跳出硬硬的壳儿。”

“噢,小豆,可爱的娃娃,我很愿意帮你,出来吧!我还要告诉你一句话,你是个有用的好娃娃——春天来的时候,你会发芽;夏天,你会长大;秋天,你就成了妈妈,带着许多和现在的你一样的娃娃。”

太阳公公不仅答应了她的请求,还对她说了那么多的话。

“谢谢您,太感谢您了!”小豆兴奋极了,在硬硬的壳儿里,一连打了好几个滚。

小豆圆圆正高兴呢,只听“啪”(pā)的一声响,豆壳儿张嘴了。小豆从豆壳儿的嘴里被弹出老远,又“啪”的一声落在地上,摔得小豆“哎哟!哎哟”地叫着屁股痛。

小豆圆圆虽然摔痛了屁股,可是心里挺高兴,因为她获得自由了,可以独个儿看看秋天热闹的景象,还能交上众多的朋友——这是多美的事儿啊!

2　蒲公英给了降落伞

可是，小豆圆圆没有翅膀，她不会飞呀；又没有脚，她走不了呀。怎么去玩呢？小豆急得团团转。她四下里看了看，看见身边站着一株小草，便向小草请求说："小草兄弟，可爱的小草兄弟，你借给我一根拐(guǎi)杖好吗？"

小草低下头，看见是一粒小圆豆，为难地说："我的叶儿快枯(kū)死了，柔软的叶儿是撑不住你的。小豆，真的对不起！"

他们的话被站在不远处的蒲(pú)公英姑娘听见了，她连忙热情地说："小豆，别担心，我给你一把降落伞。你坐上它，哪儿都可以玩了。它会带着你，随着风儿飘呀飘，飘到远远的地方。"

"那太好了！太好了！谢谢蒲公英姐姐！"小豆兴奋得一个劲儿叫好。

"喂，接好哇！"

蒲公英说着，给小豆扔去了一把粉白色的降落伞。小豆坐上，正合适，乐得小豆连连向蒲公英姑娘道谢。

小豆圆圆坐上蒲公英的降落伞，她要好好看看美丽的秋天。

小豆飞到一棵老槐(huái)树的顶上，见槐树公公正将树叶儿抛(pāo)下。金黄的树叶儿悠(yōu)悠地飘着，像一只只美丽的蝴蝶。

“槐树公公，你这是干什么呀?”小豆圆圆好奇地问。

“噢，孩子，你知道吗?现在是深秋了，我把叶儿抛下为的是减少水分蒸发，好过冬呀。抛下的叶儿腐(fǔ)烂了，还能变成营养丰富的肥料呢。”槐树公公和蔼地回答。

小豆向四周看了看，这才发现：满山的树都变得金黄，都在把自己的娃娃——叶儿轻轻地抛下。

小豆继续飞着，她又落到一株稻子的顶上。

“哎哟！哎哟！”没等小豆开口说话，稻子妈妈就大声地叫开了。

“您怎么啦?”小豆奇怪地问。

“小豆，快走开！”稻子妈妈大叫，“我的腰快被你压断了！”

小豆这才明白，稻子妈妈背的孩子太多，累得垂下了头，弯下了腰。小豆连忙飞到田边。

“稻子妈妈，您真了不起！背着这么多孩子！”小豆称赞着。

“这都是靠农民伯伯的培养，今年才获得大丰收。我快枯死了，可我留下了许多孩子，所以，心里是高兴的。”稻子妈妈欣慰

(wèi)地说。

小豆听着稻子妈妈的话，看着她那即将枯死的身子，感到很伤心。

“稻子妈妈，我也要向您学习。”小豆激动地说，“我现在就发芽，长大，结出许许多多小豆豆。”

听了这话，稻子妈妈乐了，忙说：“你想得很好，小宝贝。可是，现在天气有些冷了，你很难发芽的；就是能发芽，也没有用——冬天一来，你会被冻死的。你记住，春天来了，你才可以发芽，长大，结出小宝宝。”

听了稻子妈妈的话，小豆心想：那只好等着春姑娘来了。于是，她撑开降落伞，告别了稻子妈妈，向天空飞去。

3　麻雀用小豆喂宝宝

“快看，蒲公英花下挂着一粒小圆豆！”

小豆圆圆正在天空自由自在地飞翔(xiáng)，突然听到了说话声，她连忙回头看去，只见麻雀爸爸和麻雀妈妈正朝她飞来。

“我们把她衔回去，喂我们的宝宝吧。”麻雀妈妈边飞边说。

一听这话，小豆吓了一大跳，差点儿从降落伞上栽(zāi)下来。

“他们要吃掉我，那可不成！”小豆心里想，“我还要发芽，长大，结宝宝呢。”

小豆想着，连忙向下飞去。

可是，麻雀爸爸和麻雀妈妈很快就追了上来，衔起小豆，往回飞去。小豆气得大叫，可是，他们谁也不理她。不一会儿，他们便到了家。

“孩子们，过来吃豆豆。小豆含有丰富的蛋白质，营养价值高，吃了长身体。快！快！”

麻雀妈妈和麻雀爸爸把小豆放进窝，又飞出去找吃的了。

麻雀宝宝们围着小豆，你一口我一口地啄呀啄，可是，宝宝们的嘴太小，怎么也吃不下。小豆圆圆被啄得痛得直打滚，麻雀宝宝们谁也不理她，这些宝宝们什么都不懂呀。

突然，小豆一阵头晕(yūn)，只听“啪”的一声响，她摔到了地上。原来，小豆从麻雀窝里的小窟(kū)窿(long)里漏了下来。

小豆躺在地上，动不了啦，因为蒲公英的降落伞不知什么时候丢了。

就在这时，走来一位胖老头。胖老头看见地上有一粒小圆豆，端详了一会儿，把她拾了起来，说："带回去做吃的，丢了怪可惜的。"

胖老头把小豆放进箩(luó)筐(kuāng)里，箩筐里堆满了小豆。小豆圆圆见了这么多伙伴，真是又惊又喜。

"你怎么也来这儿了呀？"一个伙伴惊慌地问圆圆。

"是胖老头带我来的。"小豆圆圆得意地说。

"哎呀，你知道吗？老头要拿我们做吃的——先把我们洗洗干净，然后碾碎，还要用水煮。哎，太可怕了！"小伙伴慌忙解释。

"做吃的？我不答应！我还要发芽，长大，结小豆呢。"圆圆气鼓鼓地说。

“用他们做什么呢?”

突然,坐在一边的胖老头说话了。小豆圆圆和她的伙伴们吓得不敢做声。

“可以烧着吃,炒着吃;可以做豆酱,做豆腐;还可以油炸(zhá)……嗯,真不少!”胖老头坐在那儿,掰(bāi)着指头念叨(dāo)着。

“不行!”小豆心里说,“我得想办法逃出去!”可是,小豆没有了降落伞,怎么逃呢?小豆使劲地想呀想,就是想不出好办法。

突然,胖老头起身朝箩筐走过来。

“我得先把豆子洗一洗。”胖老头自言自语,说着,拎起箩筐往池塘走去。

来到池塘边,胖老头将箩筐放进水中,使劲地搅(jiǎo)着,搅得豆子们哗哗叫。

小豆圆圆也被搅得晕头转向。忽然,她感到自己飘起来了。仔细一瞧,她从箩筐的小孔里漏出来啦,正轻轻地往池塘里沉呢。小豆这下别提有多高兴了。

小豆落在池塘里的一片枯叶儿上。

“我就在这儿安个家吧。”小豆心里想。

4 小青蛙把她放在石头上

“喂,小豆,你怎么来到这儿的呀?”一只小青蛙正在游泳,见到小豆,向她打招呼。

“我是逃出来的。”小豆得意洋洋地说，“我要在水里安家，发芽，长大，结小豆，做你的好朋友。”

“哎呀！你错了！”小青蛙犯愁地说，“你在水里是长不大的。你们豆子生长需要适宜的空气、阳光、水分。这里阳光和空气都少，水又太多。你呀，不但长不大，还会患上慢性腐烂病的。”

“真的？”小豆有些不相信。

“当然是这样。”小青蛙说得很肯定，鼓鼓的眼睛透出十二分诚意。

“那怎么办呢？”小豆着急了。

“别怕，我来帮你。”

小青蛙说着，衔起小豆，向水面游去。出了水面，小青蛙跳到岸边一块石头上，把小豆放了下来。

“石头上能发芽吗？”小豆担心地问。

“这——我也不清楚。”小青蛙说，“你先把身子晒干，如果发不了芽，我过几天再来帮你。好了，我还要帮农民伯伯捉害虫去，再见啦！”

小青蛙说完，“扑通”一声跳进水塘。

“哎，小青蛙……”小豆还想说什么，可是，小青蛙已经消失了，水塘里只留下一圈圈的波纹在荡(dàng)漾(yàng)着……

天气越来越冷。小豆呆在石头上，感到又冷又渴。她看看自己，不但没有发芽，反而比以前瘦了许多。小豆很担心这样下去会不会冻坏自己？

“看来石头上不应该是我安家的地方。可是，小青蛙为什么不来帮帮我呢？他是忘了吗？”

小豆心里很着急。其实，天气冷了，这时的小青蛙已经冬眠了，正躲在洞里不吃不喝睡大觉呢。小豆当然等不到小青蛙啦。

又过了几天，天气更冷了。小豆寂寞(mò)地躺在冰冷的石头上，慢慢地冻昏了……

她会冻死吗？

5　小猫把她放进土里

一天，一只小猫路过石头边，发现了小豆圆圆。

“哟，一粒可怜的小豆！”

小猫用爪子轻轻地抚摸着她。

“她冻昏了，我应该把她放进土里，说不定春天她会发芽的。”

小猫一边说着，一边用爪子刨(páo)了个小洞洞，把小豆放了进去，再用土盖好。

以后，天气越来越冷，但小豆在土壤妈妈温暖的怀里，仍然能安稳地睡觉。

就这样，小豆圆圆睡了整整一个冬天。

终于，春姑娘来了。小草钻了出来，小树吐出了嫩芽，燕子飞回来了。

一天，小豆圆圆突然从沉睡中醒来，发现自己躺在土壤妈妈温暖的怀抱里，她感到很奇怪。

她还不知道是小猫帮了她一个忙呢。

“小豆，你醒啦。你可以发芽长大了。太阳公公给你温暖的阳光，土壤妈妈为你提供丰富的养料和适宜的水分。快快长大吧，小豆。”是春姑娘在召唤。

一个晚上，小豆长出了白嫩嫩的芽，在土里拼命地往外钻。可是，土壤太硬，小豆使尽全身的力气，还是钻不出。这可急坏她了，怎么办呢?

6　蚯蚓帮了她

小豆伸不出头，急得她呜呜地哭。哭声惊动了在一旁松土的蚯蚓。

“小豆，你怎么啦？”蚯蚓爬过来，关切地问。

“我伸不出头啦，土壤太硬！”小豆一边哭，一边说。

“别着急。”蚯蚓说，“我来帮帮你。”

蚯蚓说着，蠕(rú)动着身体钻了过来。不一会儿，硬土变得松软起来。小豆伸伸头，一点儿也不吃力了。

“太谢谢你了，蚯蚓兄弟！”小豆高兴地说。

“没什么。我们做个好朋友吧，以后有困难，就来找我。”

小豆和蚯蚓成了好朋友。

不知不觉，一天早上，当小豆从睡梦里醒来的时候，突然感到眼前亮堂堂的。仔细一瞧，原来自己已经钻出地面了。

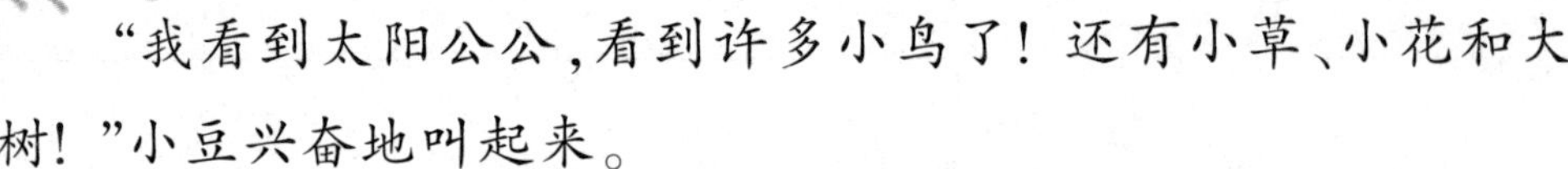

“我看到太阳公公，看到许多小鸟了！还有小草、小花和大树！”小豆兴奋地叫起来。

“小豆发芽啦！小豆发芽啦！”小草们兴奋得拍手欢呼。

大地上又多了一位嫩黄色的小伙伴。

7 做了一个好梦

那天晚上，小豆因为太兴奋，很晚才睡着，她还做了一个很美的梦呢。

在梦里，小豆已经长大了，像小树一般高，还结着许许多多的小豆壳，豆壳里满满地装着胖胖的小圆豆……

在梦里，小豆还在笑呀笑，笑得像一朵美丽的花儿……

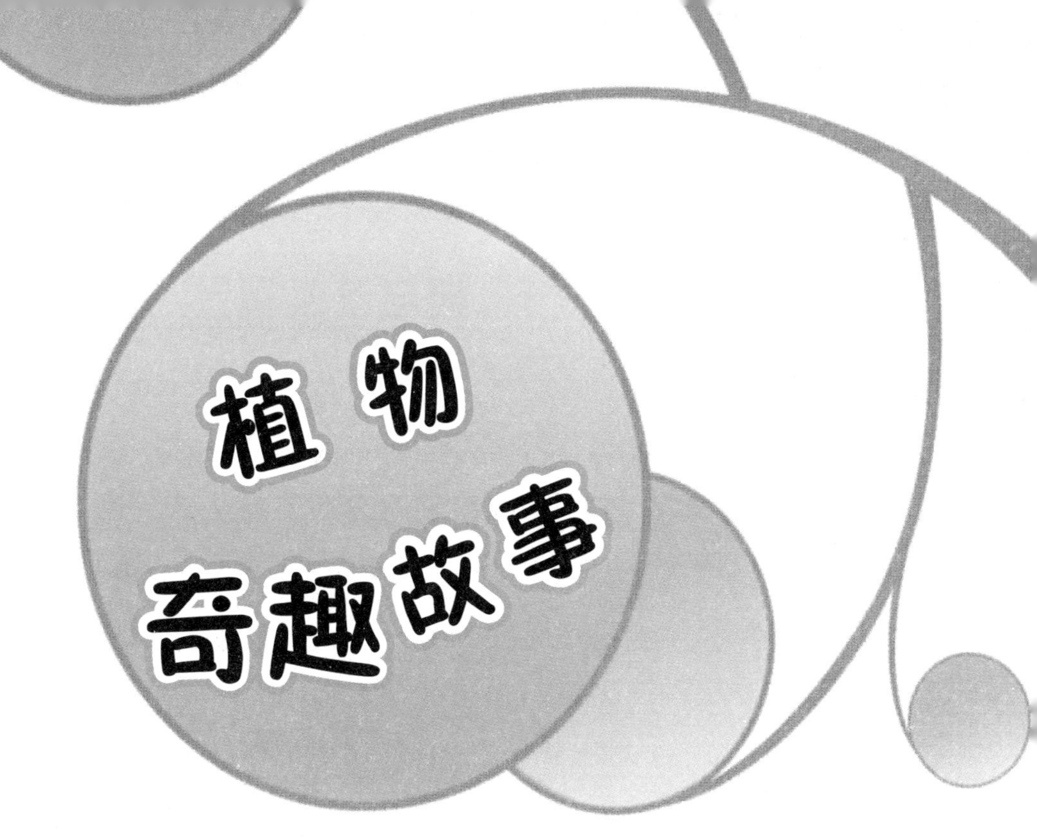

植物奇趣故事

植物是生命的主要形态之一。植物可分为种子植物、苔(tái)藓(xiǎn)植物、蕨(jué)类植物和拟蕨类植物等,现存大约有35万个物种。绿色植物大部分的能源是经由光合作用从太阳光中得到的。植物世界千姿百态,植物界的奇闻趣事说不完、道不尽。

读了下面的故事,你将知道:大颅榄树与渡渡鸟的关系,猪笼草还会巧施“口袋计”,植物中也有“杀手”,植物同样有自卫本领……

大颅榄树与渡渡鸟

在一片茂密的大颅(lú)榄(lǎn)树树林中，一群人牵着猎犬，端着长枪在奔跑。在他们的前面，是几只身体肥大的渡渡鸟。鸟们一边跑，一边哀号(háo)。由于身体过于肥胖，它们的行动显得非常缓慢。它们虽然长着一对翅膀，可早已退化了，无法飞行。

枪声响了，猎犬扑上来了，它们绝望地叫了几声，扑倒在地。

故事发生在16世纪的毛里求斯。那群持枪追赶渡渡鸟的，便是以征服者自居的欧洲人。自从这些欧洲人来到大颅榄树树林，渡渡鸟便再也没有安宁的日子了，它们被成群成群地猎杀。

在一百年左右的时间里，成千上万只渡渡鸟死于枪下。

到了1681年，毛里求斯大颅榄树树林里的最后一只渡渡鸟也被杀害了。人类从此再也无缘见到这种鸟了。

渡渡鸟灭绝了，可为此最感伤心的似乎不是人类，而是大颅榄树。昔日的渡渡鸟总是在大颅榄树树林中活动，给林子增添了无限生机、无穷乐趣。渡渡鸟灭绝后，人们再也见不到大颅榄树长出新苗了。日复一日，年复一年。老树死后，再也没有新树补充。林中的大颅榄树愈来愈少。

是大颅榄树怀念渡渡鸟而不愿再生吗？是大颅榄树与渡渡鸟有着一种特殊关系吗？人们在猜测，科学家们也在研究探讨。

20世纪80年代，有人作了统计，整个毛里求斯只剩下13棵大颅榄树了。这种昔日“子孙”繁盛、枝干挺拔、质地坚硬的“硬汉”，而今变得寥(liáo)若晨星、毫无生机了。它即将如过去的渡渡鸟一般，也将与人类诀别了。

人们在呼吁拯救这种濒(bīn)临灭绝的植物，科学工作者也感到这是自己义不容辞的责任。

1981年，渡渡鸟灭绝300周年。当年一位名叫坦普尔的美国生态学家前往毛里求斯，他决心要找到拯救大颅榄树的办法。他查阅了许多资料，并进行了实地考察。

经过一番努力，他发现了一个有趣的现象：从渡渡鸟灭绝时起，大颅榄树便不再长出新苗了。这是不是表明渡渡鸟与大颅榄树的种子发芽有某种特殊关系呢？这一发现启发了他，使他茅塞顿开。

于是他又作了进一步推测：如果这两者是有关系的，那么如果能找到一种生活习性与渡渡鸟相似的鸟，便可证明这一点。

他又经过调查研究，发现当地的吐绶(shòu)鸡与渡渡鸟有某些相似之处。这种吐绶鸡体形较大，也不会飞行。

于是坦普尔从仅有的十几棵大颅榄树上摘下一些成熟的果实，让吐绶鸡吃下，随后种子会随粪便排下来。坦普尔小心地找出这些种子，一比较便会发现，种子的外壳在吐绶鸡的体内“旅行”一趟后，比先前薄了许多。坦普尔试着将它们种了下去，精心培养。没过多久，奇迹出现了，那些种子竟然发芽了！小苗绿得可爱。

坦普尔喜出望外，他终于找到了大颅榄树与渡渡鸟之间的关系了。原来渡渡鸟与大颅榄树可谓是相依为命。鸟吃树的种子，而树的种子恰好又需要鸟的嗉(sù)囊(náng)研磨后才能发芽。它们建立了这种相互依赖、共生共存的关系。

奥秘终于找到了，拯救大颅榄树的希望也随之出现。

大颅榄树，又名卡伐利亚树，是生长在非洲岛国毛里求斯的一种珍稀树种。它曾靠渡渡鸟吃下种子消化掉硬壳后才能发芽生长成树木，渡渡鸟灭绝后该树种也频临灭绝，后由科学家找出方法——磨薄外壳或火鸡消化掉外壳，再培育其生长。

蚁栖树与蚂蚁

南美的巴西生长着这样一种树：它的“身躯(qū)”粗壮高大，大而宽的叶子形如手掌；它的树干与别的树不同，上面有着像竹子节那样的节，中间则是空的。

这种树便是蚁栖(qī)树。但蚁栖树最特别的还不是它的外形,而是它与蚂蚁之间富有趣味性的关系。

蚁栖树是一种叫做"益蚁"的蚂蚁的家,树干中间的空洞便是益蚁的住房。在它的枝干的节上,有许多小孔,那便是益蚁进出的大门。益蚁们每天在蚁栖树上来来往往,不停地搬运东西,过着紧张而愉快的生活。

在它们搬运的东西中,有一种小圆球。这种小圆球含有丰富的脂肪、蛋白质等营养,益蚁们便以它为食。而它又是由蚁栖树的根部分泌(mì)的,而且从不间断。蚁栖树为益蚁提供了丰富的食物来源。

蚁栖树为什么要这么"优待"益蚁呢?原来它也有它的"想法"。请看下面有趣的场面。

正在忙碌的益蚁突然接到"情报",说是有一群另一类的蚂蚁来吃蚁栖树的叶子了。益蚁们立即倾巢出动,向来犯者发起了大举进攻。毕竟是大军压来,来犯者见情形不妙,只得扭头逃跑,向别处撤(chè)退。来犯的蚂蚁终于被赶走了。

那么来犯者是谁呢?原来是啮(niè)叶蚁——一种专吃树叶的蚂蚁。可今天它们却受到了打击,这使它们明白,蚁栖树的叶子不是随便能吃到的,这里戒备森严,而且蚁栖树的保护者着实不好惹。

益蚁保护着蚁栖树,蚁栖树又为益蚁提供美食。这就是它们的关系。

森林与兔子

阿拉斯加有座原始大森林。在大森林中有许多小动物，它们生活在森林中，终日捕食、嬉(xī)戏，生活得非常快乐。这里成了许多小动物的家。

可是从1970年开始，森林中的情况发生了很大的变化，其他动物的数量倒没什么变化，野兔的数量却突然增加了许多。也许是这里的环境太适合野兔生活了，森林中到处都能见到野

兔的身影。此时，它们倒成了大森林的主人。它们尽情地享用森林中的幼苗，生活得无忧无虑。

野兔的出现也许对别的动物没有什么影响，但它们对大森林中的植物来说简直是不共戴天的敌人。野兔们整天啃(kěn)食着森林中的植物幼苗和嫩芽儿，对植物的再生构成极大的威胁。植物的种子落到地面，后来长出了幼苗，可幼苗还没有长大，便成了野兔的美食。森林中的老树不断枯死，新苗却怎么也长不起来。

就在森林中的植物不断减少的时候，一件奇怪的事情发生了：在一段时间里，许多野兔突然间闹起肚子，个个肚子拉个不停，而且不能进食，只要进食就会腹泻不止。没过多少天，不少兔子便倒地而死了。其他兔子见此情形，再也不敢待下去了，只得逃出大森林，到别处“谋生”去了。

森林中的植物似乎又活跃起来，幼苗不断地长出来，为大森林增添了生机。

几年中大森林中发生了许多事情，使人们惊讶不已。为什么野兔在那么短的时间里或死或逃呢？是谁赶走了野兔？人们面对一连串的疑问，不得不去认真研究和探讨。可研究的结果更让人大吃一惊：野兔是被一种叫做萜(tiē)烯(xī)的化学物质毒死的，因为在野兔咬过的树中，都可以发现这种物质的存在。原来是植物为了保护自己而释放了这种物质。

植物真有这种本领吗？还有待更进一步的研究和探索。

植物界的“喧宾夺主”

“喧(xuān)宾夺主”这个成语本意是客人讲话的声音比主人的还要大,后用以比喻客人占了主人的地位,或外来的、次要的事物侵占了原有的、主要的事物的地位。它最初是讲人的,可在植物界中这种现象也屡见不鲜呢。

1884年,美国的新奥尔良举办了一次别开生面的棉花展览。为吸引更多的人前来参展、参观,主办者刻意将环境布置得非常美,他们弄来了许多花进行装点。

这其中有一种叫凤眼蓝的水生植物格外引人注目。它是被人从遥远的南美洲带来的。它的花朵如同兰花，呈蓝紫色，颜色鲜艳，姿态优美，十分惹人喜爱。人们不约而同地称赞它的美姿，展后便争先恐后地将它带了回去，种到各地的池塘、山涧中。

很快，北美洲、非洲甚至亚洲、大洋洲都有了它的身姿。各地的人们似乎还没有欣赏够它的美貌时，便突然感到它并不是个“乖巧温顺”的“美人”。它的繁殖(zhí)能力特别强，繁殖速度极快，简直达到了疯狂的程度。

几年的时间，它便占领了许多水塘、河道，而且速度非但不减，反而更快。再经过几年时间，人们终于发觉它已成了实实在在的灾难：它占领了河道，轮船无法通行；它破坏水利设施，影响发电；它缠绕渔网，阻挠人们捕鱼……在美国的路易斯安那州以及非洲的几个国家，人们都惊恐地叫起来：“凤眼蓝简直是可怕的魔鬼！”

人们开始采取措施了。刀砍、火烧、机械清除，人们为此付出了很大的代价。但当初谁会想到这个“外来客”会如此厉害呢！

同样在美国，还发生过这样一件事。

20世纪30年代，美国人将葛(gě)藤(téng)从日本引种到自己的国家。葛藤原产于中国，后来传到了日本。这种植物不仅有美化环境的功能，而且能保持水土。美国人在引种葛藤时的愿望是好的，而且在最初几年，葛藤确实发挥了它的应有作用。

可是不久，这个“外来客”便不安分起来。也许是美国南部的土壤太肥沃了，也许是这里的气候太适宜葛藤生长了，葛藤

到这里，便疯狂地繁殖起来。只用了二三十年的时间，葛藤便占领了大片土地，而且生长速度不减。这种植物所到之处，别的植物可就遭殃(yāng)了，许多植物被它“害”死。半个多世纪后，葛藤占掉了美国几百万公顷的土地，俨然以“主人”的姿态自居。美国人为此大伤脑筋，不得不采取措施，驱赶这个“外来客”。

植物界的许多“喧宾夺主”现象都是由人们引种不当造成的，所以，我们在引进新品种时切不可盲目而为。

猪笼草的“口袋计”

动物吃植物，这是人所共知的事实。但如果说植物也会吃动物，你会相信吗？

看了猪笼草吃虫子的故事，你一定会相信这也是事实。

这是一株长在向阳处的猪笼草。一个风和日丽的日子，猪笼草舒展着叶子，悬(xuán)挂着自己的小口袋，懒(lǎn)洋洋地享受着温暖的阳光。不一会儿，它似乎感觉到有些饿了，便将口部半开着的口袋倾斜着。口袋里散发出一种清香，十分诱人。这香味是从口袋盖子的下面散发出来的，因为那下面有许多蜜腺(xiàn)，能分泌出香甜的蜜汁。这显然是一种引诱小昆虫上当的把戏。

猪笼草静静地等待着猎物上当，以便饱食一顿。

不一会儿，一只小昆虫被香甜的液汁引诱过来了。它也许太想吃猪笼草的蜜汁了，径直来到猪笼草的口袋边，一边吃，一边向里爬。

小虫子刚爬到口袋里，一不小心，便像滑滑梯一样掉进了口袋底。这里对于小昆虫来说即便不是万丈深渊(yuān)，至少也是个很深的陷阱。

小昆虫为什么会滑进去呢？原来这倾斜着的口袋内壁有一层蜡质，非常光滑。

这时，猪笼草口袋上方的盖子一下子关闭了，可怜的小昆虫没有吃到猪笼草的汁液，反倒成了猪笼草的美餐。

猪笼草没有嘴巴，也没有牙齿，它是怎么吃小虫子的呢？

原来它那口袋的内壁上有许多突出的消化腺，这里能分泌消化酶(méi)，就像人的胃中分泌的消化液一样，能将小虫子消化掉，被自己吸收。这种消化酶能使小虫子麻醉，怎么也逃脱不掉。

别说这么小的昆虫，就是再大一些的，猪笼草也能将它吃掉。有人报告说，曾看到过猪笼草吃蜈蚣。蜈蚣的样子很可怕，而且它也很厉害，可它一旦掉进猪笼草的口袋就惨了，同样能被猪笼草的消化酶腐(fǔ)蚀(shí)掉。不长时间，你打开口袋，就会发现蜈蚣已成白色的了，早已死去。

猪笼草是种常绿小灌木，主要生长在中国的云南和广东等地。从它的外表看，有个独特之处，那就是在它的叶子之间，有一条可以卷曲的细藤，藤上长着个绿色的小口袋。这口袋有些

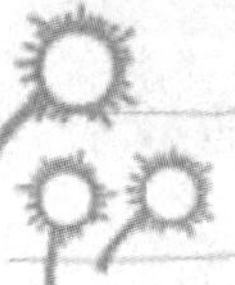

像关猪的笼子，“猪笼草”这名称也就是这么来的。

以这些小昆虫为食的植物，人们称之为食肉植物或食虫植物，目前世界上大约有500种这类植物，中国约有30种。这类植物一般靠鲜艳的色彩、奇妙的香味来吸引小虫子，感觉特别灵敏，体内会分泌消化酶，而且消化能力极强。

食肉植物的捕虫方式多种多样，有的靠叶片上的腺毛运动来捕虫；有的靠分泌黏液来粘住虫子；有的是叶片变成陷阱来关住昆虫，这些陷阱有的像笼子，有的像口袋或盒子，昆虫有进无出。

这些植物为什么要吃“荤(hūn)”呢？由于它们生长的地方常因雨水冲刷，缺乏氮素养料或其他矿质营养，土壤呈酸性，落叶和动物尸体无法被微生物分解成植物所吸取的养料。在这种环境所迫下，这些植物经过长期演化，终于“练就”了捕虫的本领。据说，有些植物的捕捉本领很高，它们甚至能捕捉到蜻蜓和青蛙。

知识小贴士

猪笼草是猪笼草属全体物种的总称，其属于热带食虫植物。猪笼草拥有一个独特的吸取营养的器官——捕虫笼，捕虫笼呈圆筒形，下半部稍膨大，笼口上具有盖子。因为形状像猪笼，故称猪笼草。在中国海南，其又被称为雷公壶，意指它像酒壶。猪笼草因原生地土壤贫瘠，而通过捕捉昆虫等小动物来补充营养，所以其为食虫植物中的一员。

强行留客的马兜铃

在植物世界,许多植物对前来采花蜜的昆虫是采取欢迎态度的。但也有些食肉植物的“手段”是残(cán)忍(rěn)的,它们会用各种方式诱使昆虫上当,然后吃掉它。

可有些植物却很有意思,它们对采花蜜的昆虫采用与众不同的方式:既不是热情欢迎,又不是捕食,而是将它关起来,“留下”一段时间再放走。

马兜铃便是这样的植物。

一天,一只小昆虫被马兜铃的花香和美丽的颜色吸引了过来。它或许

在想，这么香甜的花蜜，一定要好好吃一顿。

马兜铃的花长得像个长而深的瓶子状的花被管。小昆虫沿着花被管爬行，到达具有合蕊柱的膨(péng)大基部。小昆虫在那里贪婪(lán)地吃着花蜜，显得十分开心。

不一会儿，它吃饱了，准备出去。这时它才发现，通道被堵住了，出不去。

原来花被管内有向基部生长的硬毛，它们都是逆生的。小昆虫急了，在里面拼命挣扎。这正中了马兜铃的"计"：小昆虫把从别处采来的花粉抖落了下来，沾到了雌蕊柱头上，让它受粉了。

接受了小昆虫带来的花粉后，柱头便逐渐直立。而三天后，雄蕊也成熟了，花药才裂开，硬毛也萎缩了，小昆虫终于被"释放"了。

而此时的小昆虫身上又沾上了大量花粉。如果它再去采别的马兜铃的花蜜，就又给别的花传粉了。

马兜铃因其成熟果实如挂于马须下的响铃而得名。其为多年生的缠绕性草本植物，主要分布于热带，少数生长在温带。其果实为一种中药，称为马兜铃。其报称青木香，藤称天仙藤，也可药用，有清肺降气、止咳平喘、清肠消痣的功效。它的花柱通常联合成柱状，为虫媒花。但雌雄蕊成熟时间不一样，一般雌蕊先成熟，花药完全为柱头所覆(fù)盖。正因为雌雄蕊不是同时成熟，才"强迫"前来采蜜的小昆虫等几天。所以小昆虫也不能因此而"责怪"马兜铃噢。

“骗术”高明的虫眉兰

一个发育完全的花一般都有花瓣、萼(è)片、花蕊(ruǐ)、子房等。花蕊又有雄、雌(cí)之分。雌蕊里有胚(pēi)珠，而雄蕊则能产生花粉。

传粉是成熟的花粉由雄蕊传到雌蕊的全过程，花只有经过传粉才能结出种子。

传粉是受精作用的先决条件。花粉落到雌蕊的顶端，便会长出细长的花粉管，一直通向下面，使里面的精子与子房里的胚珠结合，从而结出种子。

许多花的雌蕊受粉都是借助外部因素的。有的依靠风来传粉，如玉米。这类植物的花大多有个特点——都没什么香味，颜色不艳，但很轻。这类花便叫风媒(méi)花。也有的依靠水来传粉，如苦草，它们被称为水媒花。也有的靠小鸟来传粉，如银桦，它们被称为鸟媒植物。还有的靠昆虫来传粉，这便是虫媒花。这类植物很多，虫眉兰便是其中的一种。

可虫眉兰在传粉时却有着自己的“绝招”。它不像别的虫媒花那样仅靠芳香艳色来招引昆虫，它是靠自己的“长相”来引来昆虫的，采用“骗术”使昆虫上当而达到传播花粉的目的。

在地中海沿岸的一座山上，长着一片虫眉兰。它开花了，可并没有招来多少蝴蝶，却引来了许多雄蜂。

为什么会有那么多雄蜂飞来呢？原来，这些雄蜂来这里的目的并不是采集花蜜，是它们上了虫眉兰的当了。

虫眉兰的花看上去同雌蜂没什么两样：几个花瓣形如两对翅膀，远远看去还有个头，头上有一对眼睛，甚至还有触角。雄蜂把它当成了雌蜂，便飞来交配。而“雌蜂”倒很乖巧，一动不动。雄蜂飞上去停下来时，才发现自己上了当，懊(ào)丧地飞走了。

雄蜂这一停，便带走了花粉，它再一次在别处上当时，便将花粉传给了别的虫眉兰。虫眉兰就这样达到了传粉的目的。

雄蜂被虫眉兰欺骗了，可它在这一过程中却不知不觉做了好事——为虫眉兰传递了花粉。

虫眉兰的“骗术”还算高明吧！

植物捕虫的故事

不少人都知道，猪笼草是个捕虫的能手，但能像猪笼草那样轻而易举地捕食到虫子的植物还有许许多多，它们各有各的“绝招”。

在日本南部也有一种类似猪笼草那样用小口袋捕虫的植物。

一天，一只小虫子似乎闻到了蜜汁一般的香甜味，它顺着

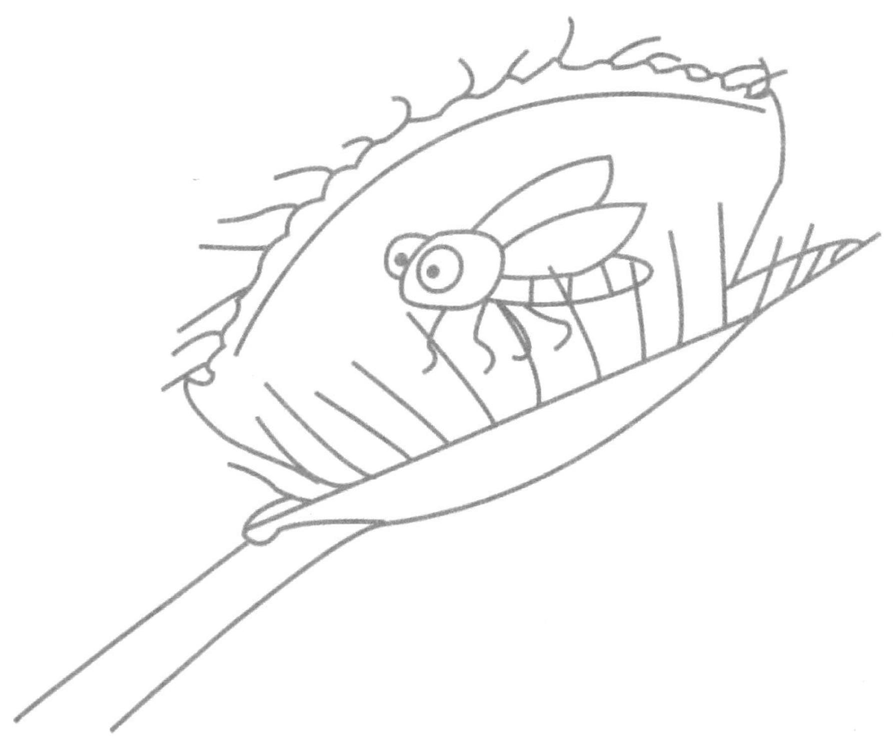

香味飞，来到了一个绿色的口袋边。可它一进袋口还没吃到蜜汁，便一下子滑了进去。袋的下面是水，里面还有酸味极浓的消化酶，小虫子很快便被消化掉了。

这种植物的捕虫本领十分高超。它的捕虫袋是由叶子变形而成的，袋口在平时是关闭的，袋口边有许多小刺。它的捕虫袋的位置也很独特，一部分埋在地下，这使许多小爬虫上了当。那个小袋子可是危险的陷阱啊！

与猪笼草不一样，茅膏(gāo)菜则是用分泌的黏液来将小虫子粘住的。茅膏菜的叶子周围有许多带黏液的毛，小虫子一不小心碰上了，就怎么也逃脱不掉了，越挣扎会被粘得越紧。

和茅膏菜的捕虫方式相似，日本东部也有这样一种植物。

这是个阳光灿烂的日子。一只飞蛾在林中飞来飞去，显得十分自在。一会儿，它停下了。刹那间，它似乎感觉到自己停错了地方，因为它被什么东西粘住了。它想飞起来，可怎么也动不了啦。这时，只见这棵植物的叶子上竖起无数个触毛，一下子卷曲而来，将小飞蛾紧紧地裹(guǒ)了起来。不多时，当那些触毛又舒展开时，小飞蛾已被消化掉了。原来这是一种捕虫植物。在它那宽大的叶子上长着200多根触毛，触毛顶部能分泌黏液，并会卷曲。当虫子被卷起来时，它又会分泌消化酶，使小虫子成了它的美餐。

与以上的植物不同，捕蝇草又有自己独特的捕虫办法。

这是发生在美国北卡罗来纳州的事。一天，一只苍蝇在草丛中飞来飞去，不一会儿，它累了，便找着一株开白花的小草，

想停下来。这株小草长着红色叶心，很诱人。可有时美丽的东西往往会使人上当。这只苍蝇便上当了。它刚一停下，那张开的叶子突然像蚌壳一样合拢了。原来，叶子上有许多感应毛，小虫子一触到，叶子就会合起来。叶子的边缘还有许多又长又硬的刚毛。它捕虫速度之快，简直叫人瞠(chēng)目结舌，它捕捉这只苍蝇仅用了0.01秒！10天后，当蚌壳一样的叶子张开时，那只苍蝇早被消化掉了，那些它不能消化的残渣(zhā)也被清除了。

除了陆地上的植物外，有的水生植物也有捕虫本领。狸藻(zǎo)便是其中之一。

一只小昆虫在水面上飞来飞去，它的下面生长着许多狸藻。小昆虫并不知道这里有多危险，它落在一片叶子上。这是狸藻的叶子，叶子上有十多个小袋囊(náng)，它们实际上就是捕虫器。小袋入口的“门”很特别，它只能从外面推开，而无法从里面打开。小昆虫刚落下来，还没来得及反应，就被吸了进去。它成了狸藻的美食。狸藻生活在热带地区的池塘或小溪里，它们有的扎根于淤(yū)泥中，有的则漂于水中。

自然界中的捕虫植物还多着呢。像瓶子草这种多年生草本植物，它长着瓶状的叶子，上面还有个小盖子，内壁有许多小刺，里面有消化液。小虫子一旦进入瓶内，就再也无法逃脱了。

在澳大利亚、北美洲国家和南非有一种叫毛毡(zhān)苔的植物，它会分泌甜味诱引小虫子。它的针垫中间会分泌黏液，小虫子一旦被粘住就无法挣脱。

捕虫植物的故事真是千奇百怪！

植物的自卫本领

1　蝎子草和夹竹挑的本领

人有自卫的本领，动物也有自卫的本领。比如蜜蜂在受到威胁时便会蜇(zhē)人，狐狸会排放臭气来阻挠敌人……几乎每种动物都有自己的防卫方法。

那么植物也有自卫的本领吗？当然是有的。

一头食草动物来到一片野草地，这里生长着许多蝎子草。它一边走，一边吃着草，不知不觉接近了一株蝎子草。它并不想去吃掉蝎子草，可一不小心碰了上去。它顿时感到大腿处奇痒无比，它难受极了，连忙跑到一棵小树边去摩(mó)擦，一擦更难受了，又痒又痛。它扭动着身体向别处去了。蝎子草就这样吓走了小动物。

这便是蝎子草的自卫本领。它的身上长着许多刺毛，它们是由表皮细胞特化而成的一种腺毛。腺毛细长，尖如针刺，上部易断，下部坚硬。动物一旦碰上，它的上部就会折断，扎进动物体中，并分泌出一种毒液，使动物痛痒难忍，不敢接近它。

像这种会蜇人和动物的植物在自然界中还有许多，如中国北方的宽叶荨(qián)麻和狭叶荨麻、中国台湾的咬人树等。此外，像玫瑰、月季、蔷薇等植物的身上也有尖刺，人和动物不小心被刺中，也会十分难受。

与会蜇人的植物不同，夹竹桃则有自己独特的自卫办法。

一只小白兔在吃草后莫明其妙地死掉了，人们感到十分奇怪，难道是谁有意在草地上投了毒？大家决定对小白兔进行解剖，找出其中的原因。人们经过对小白兔所食植物进行鉴别和化验，终于得出结论：小白兔是误食了夹竹桃而中毒死亡的。原来夹竹桃为了保护自己，它的叶肉含有一种有毒的化学物质，动物吞食过多会致命的。

体内含有毒性物质的植物在自然界中还有许多，如毒箭树、毒芹、毛茛(làng)、泽漆等。不过其中的不少植物还有药用价值呢,所以它们并不都是没有用的植物。

不仅植物的叶子有防卫本领,有的植物的花和果实也有防卫本领。

在自然界中,有些植物的花会发出一种臭味或别的怪味,这就使得人不愿去采摘,动物不愿去吞食。

在非洲沙漠中就发生过南瓜自卫的事。这种南瓜长得与众不同,它的体形虽然是圆的,但上面布满了毛刺。一头贪嘴的野兽张嘴想吃掉它,一下子被刺中了嘴,痛得它在沙漠中狂奔了好一会儿,几天不能进食。

植物的自卫本领还真不小,它们的自卫方式也各有千秋。如果我们留心去观察,一定能看到不少新奇的事。

2 柳树和蚕豆的本领

有一部科幻作品描述了这样一个场景:未来的人类根据不同植物的自卫本领,发明了各种制剂,用来对付侵害植物的昆虫。这虽然是种幻想,但它完全可能变为现实,因为那些植物在与昆虫斗智斗勇的过程中,已为我们提供了许多有益的启示。

从下面几则植物智斗昆虫的故事中,我们便能看出植物的自卫本领。

这是发生在一种柳树与毛虫之间的较量。毛虫为了生存和繁(fán)衍(yǎn)后代,拼命地吞食着柳树的叶子,使柳树的叶

子上留下了无数个虫眼。柳树忍无可忍了，便寻找对付这种毛虫的办法。

终于柳树有办法了，它在叶片上分泌(mì)出一种奇特的生物碱 (jiǎn)，而且每片叶子上都有。这种生物碱苦如黄连，涩(sè)如青梨。毛虫们无法忍受这种苦涩滋味，纷纷寻找别的叶片，可换来换去，所有的叶儿都有苦涩味。

毛虫们又饿又渴，只得硬着头皮来咬。柳树为了彻底消灭这些坏蛋，又使自己的叶片含有一种不能消化的蛋白质。毛虫们勉强吃了些叶儿，可怎么也消化不掉，整天撑在肚子里。

不久，毛虫们因为多日无法进食而纷纷落地死去。柳树终于消灭了敌人，又恢复了往日的生机。

和柳树一样，蚕豆也有自我防护能力，只不过它不是分泌生物碱，也不是产生某种蛋白质，而是依靠叶片上的短毛来与昆虫作斗争。

蚕豆生长在田野中,个子不高,但很壮实。它的叶儿绿得发蓝,丰满厚实。有一种昆虫——臭虫见了心想:这种叶子一定好吃,而且营养丰富。

这样想着,臭虫便爬到了蚕豆下,顺着它的茎爬上叶片。蚕豆立即意识到来者不善,便做好了准备。你瞧,蚕豆叶片上的"钩子"都竖了起来。

臭虫闻着蚕豆叶子的香味,再也忍不住了,张开大口便咬。它的嘴巴刚咬破叶片,便觉得被什么刺中了,痛得它差点儿晕过去。它想吐出嘴里的东西,可嘴被粘住了,怎么也拔不出来。臭虫痛苦地扭动着身子,不一会儿便动弹不得了。

蚕豆是怎么战胜臭虫的呢?它靠的便是那些"钩子"。所谓的"钩子"实际上就是长在蚕豆叶子上的许多短毛,它能钩住臭虫的嘴,将它置于死地。

自然界中,许多植物都有自卫能力。如果我们仔细研究,一定能发现其中的许多趣事。

植物的自卫能力不仅表现在防御动物的侵袭上，而且还表现在抵抗病害的能力和伤后的自愈修复能力等方面。很多植物对病害的抵抗力是相当强的,它们受伤后伤口很快就会愈合，侵入的微生物也会被杀死。另外,通过对植物自卫能力的研究,人类可以模仿它们的本领,制订控制虫害的战略措施，达到少用或不用农药来获得农业生产的丰收。

谁害了头羊

一天,一个牧场的头羊不知为什么倒下了,不久便死去了。人们觉得奇怪,这只头羊长得最壮实,从来不生病,能吃能喝,为什么会突然间死去呢?

人们找来兽医,兽医经过仔细检查,发现头羊的心脏被一种植物的针芒(máng)刺中了。就是这针芒要了头羊的命。

人们进一步查证,很快便找到了"罪犯"。

原来这"罪犯"不是人,而是一种叫做"颖(yǐng)果"的东西。它是禾草特有的果实,是种只含一粒种子的干果。它的果皮与种皮愈(yù)合后非常结实,很难分开。它的外形犹如一根针,顶部是一根长芒。这种长芒很奇特,下面呈螺(luó)旋(xuán)状。

颖果吸收了水分后,长芒便会旋转而伸长,直至刺进附着物的里面。由于长芒上有一种倒毛,一旦刺入便难以后退。

颖果落到羊的身上后,一旦接触到汗或水,便会刺进羊皮,直至刺入羊的体内。

颖果虽然未必都能置羊于死地,但其危害还是不能忽视的,它不仅有损羊皮,而且直接危及羊的健康。

残忍的绞杀树

一提起绞(jiǎo)杀树,大家一定会觉得不寒而栗(lì),感到十分可怕,因为你会不自觉地想到古代的绞刑——一种用绳索套住人的脖子将人活活勒死的残酷刑罚。

难道这种树也会对别的树施以“绞刑”吗?

在植物王国中,绞杀树确实就是这样一个“刽(guì)子手”。

看了下面这个故事,你就知道了。

这是发生在厄瓜多尔的一件事。

在一户人家的房前,生长着一棵绞杀树。它的枝干显得格外粗壮,而且扭曲地向上伸去。单就这奇特的树干,就令人有种恐怖感了。它的叶子倒没什么特别的,但它的枝条却与众不同:

枝条伸得很远，而且相互缠绕在一起，分都分不开。这些枝条看上去像些好斗分子。

在绞杀树的旁边生长着两棵小树。

可不久，这个住户的主人便发现了一件怪事：那两棵小树被连根拔起，悬挂在绞杀树的侧枝上。不久，那两棵小树便死去了。

主人很奇怪，这是为什么呢？经过多日仔细观察，他才发现，拔起两棵小树的“罪魁(kuí)祸首”是绞杀树，是它“绞死”了那两棵与它日夜为邻的小树。

绞杀树有个独特的手段，那就是它的枝条向外伸展后，只要碰到了别的树，便会将它死死缠绕住，使别的树摆脱不了它。过些日子，随着绞杀树不断长高，那被缠绕住的可怜小树便遭殃(yāng)了，它会被连根拔起而死去。

绞杀树的手段够残忍的了，但愿别的小树能远离它，以免遭受残害。

乍看，相依相偎，亲密无间，不是情侣，胜似情侣，不是母子，胜似母子；细看，中间的主干被外面一层青枝绿叶牢牢缠住，而被缠的枝干有的已经枯死，有的正在萎黄，有的虽然还在挣扎，但总归已经没有缠绕在外层的枝蔓那般生机勃勃。久而久之，被缠的主干，无论多么粗壮、多么高大，绝逃不了被缠死的命运。这就是热带雨林中的植物绞杀现象。靠绞杀自己先前的依附对象而独立或半独立生长起来的树便叫做绞杀树。

名不副实的“看林人”

这是发生在印度的一件奇怪的事情。

一天，印度某处大森林突然多处起火，火势很猛，加之久旱无雨，风助火盛。尽管政府迅速调集许多人员前来扑救，可终究火势太大，一时无法控制。大火迅速蔓(màn)延，大批树木遭殃，数日后火势才被控制。

大火被扑灭后，警方便展开全方位调查。上级要求迅速缉(jī)拿纵火犯，严惩不贷(dài)。警方人士分析：这起大火多处同时起火，说明是一伙人所为，所以应该是一起有预谋、有计划的罪恶行为。歹徒如此胆大妄为，想必他们仇恨社会。

警察四处搜寻，查找疑点，缉拿嫌疑犯。但事情并不像他们想象的那么简单，许多天过去了，他们依然找不出什么证据，事情陷入僵(jiāng)局。上级在催办，民众议论纷纷。警察们急得像热锅上的蚂蚁，可就是找不出什么头绪。

这一天，警察局突然来了一位老人，自称是林业员，对树木很有研究。他说他可以帮助找到罪犯。警察们正在干着急，听他这么一说，自然心花怒放。

“您看到是谁放的火？”警察开始询问。

“我没有看到。”老人说，“我只是推测出来的。”

“那您推测是谁呢？”

“不是人，而是一种花。”

老人的话还没说完，周围的警察便哈哈大笑起来。

“花也会点火？”人们边笑边说。

“痴人说梦！”

“他可能是从精神病院出来的。”

人们窃(qiè)窃私语，议论纷纷。

当中的一个头目听老人这么说，便摇摇手说：“您暂时回去吧！”他也许以为这个老头子是个精神病人。

老人很气愤，走了。

随后，警察又紧锣密鼓地展开调查、取证，他们查证了一个又一个疑点，结果仍然一无所获。

后来警察得知那位老人其实是一位老林业工作者，这才引起重视，便又来造访他。老人这才向他们详细地介绍原委。

原来“纵火犯”是林中的一种花。这种花是林中的一种奇特的植物，它的茎、叶、花中都会有一种油脂，而这种油脂挥发性很强，燃点又很低，容易燃烧。当时久旱未雨，气温很高，这种植物分泌的油脂便自燃了，终于酿(niàng)成森林火灾。

警察们又经过试验、分析，终于同意了老人的说法。

“罪犯”找到了，可却无从审起。

这种花有个好听的名字，叫做“看林人”。可它不但没有看好林子，反而还毁了林子，真是“名不副实”啊！

植物欣赏音乐的故事

人能欣(xīn)赏(shǎng)音乐,这是不值一提的事。说动物也会欣赏音乐,你也许也能相信。但如果说植物会欣赏音乐,你相信吗?

你或许会说,植物没有听觉,没有感情,它靠什么来欣赏音乐呢?看了下面几个故事,你可能就会对植物欣赏音乐的能力刮(guā)目相看了。

辛夫是印度的一名植物学家。他为了证实音乐对植物的作用,特地请来艺术家库马里,让他用七弦琴来演奏乐曲。不过这

次的听众不是人，而是凤仙花。库马里每天都给凤仙花弹奏25分钟的七弦琴，连弹15周后，辛夫看到了这样的结果：这些听乐曲的凤仙花的高度是那些没有听乐曲的凤仙花高度的1.2倍，而且花的叶子平均多出了72%。辛夫于是得出结论：美妙的乐曲能够促进植物的生长，至少凤仙花是这样的。

后来辛夫又对别的花和蔬菜做这样的实验，得出了相似的结论。他还对7个村庄的水稻播放美妙的乐曲，结果这些水稻比别处的水稻平均增产达20%~60%。

日本有一家生产蔬菜的公司曾做过这样的实验：他们为让蔬菜欣赏到最佳的音乐，特制了一套音响设备，在每株(zhū)蔬菜的根部都摆放了一种扬声器。这些生活在温室中的蔬菜是实行无土栽(zāi)培(péi)的，它们每天都有两三次，每次约15分钟的时间用来欣赏华尔兹(zī)等美妙的乐曲。结果研究人员发现了这样一种有趣的现象：蔬菜在欣赏美妙的音乐时似乎很兴奋，毛孔明显张开，能吸收更多的二氧化碳(tàn)，排放更多的氧气。一段时间后，这些蔬菜长得特别好。

20世纪70年代，美国学者史密斯也曾做过一项实验：他让大豆欣赏音乐《蓝色狂想曲》，每天都播放，一直坚持了20天。结果发现，这些天天欣赏音乐的大豆苗的重量，比那些邻近的没有听到音乐的大豆苗高出25%左右。

法国有一位园艺家，曾经培植出了一个重约2千克的大番(fān)茄(qié)。据他说，他在这株番茄上套了一个耳机，每天给它播放3小时的美妙乐曲。也许正是这乐曲起到了作用。

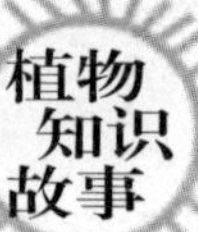

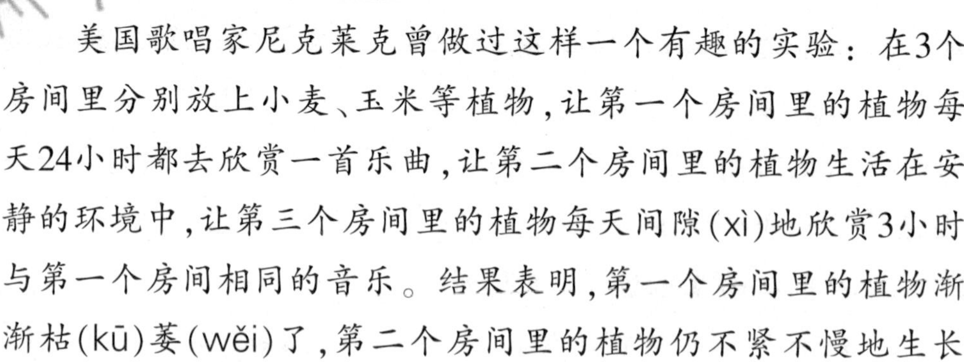

美国歌唱家尼克莱克曾做过这样一个有趣的实验：在3个房间里分别放上小麦、玉米等植物，让第一个房间里的植物每天24小时都去欣赏一首乐曲，让第二个房间里的植物生活在安静的环境中，让第三个房间里的植物每天间隙(xì)地欣赏3小时与第一个房间相同的音乐。结果表明，第一个房间里的植物渐渐枯(kū)萎(wěi)了，第二个房间里的植物仍不紧不慢地生长着，而第三个房间里的植物长势最好。

后来尼克莱克又用金盏(zhǎn)花做了这样一个实验：让一组金盏花欣赏节奏特别快的摇滚乐，让另一组欣赏美妙的古典音乐。两周后，前一组的花都枯死了，而后一组的花却长得很好。并且尼克莱克还发现了这样的现象：枯死的那组金盏花的根长得细而稀少，而另一组则长得多而粗壮。

看了这些故事，你也许会说：“看来植物还真会欣赏音乐呢！”不过音乐对植物的作用究竟有多大，这其中的奥秘是什么，还有待人们进一步研究。

植物听音乐的原理是什么呢？有研究表明，可能是因为那些舒缓动听的音乐声波的规则振动，使得植物体内的细胞分子也随之共振，加快了植物的新陈代谢，使植物生长加速起来。可见，植物除了对营养物质的需求以外，也有对“精神生活”的需求。

植物旅行的办法

看到这个标题,你一定感到奇怪:植物没有腿脚,与动物完全不同,它也能旅行吗?

是的,植物没有腿脚,不可能像动物那样任意跑动,但它可以借助别的东西来达到旅行的目的。这就像我们人类一样,我们可以乘车、船和飞机去旅行,不一定非得用双脚走着去。

当然,植物的旅行和我们人类的旅行是截(jié)然不同的。植物不是为了观光,不可能主动要求到什么地方去玩一玩,它旅行的目的是为了繁殖后代,为“孩子们”找到更适宜生存的

地方。

你可能发现过这样的情况：一块荒地上多年寸草未生，从来没有人去栽种某种植物，可是有一天，你惊奇地发现，这里突然来了好几位不速之客，它们绿得可爱，亭亭玉立，很讨人喜欢。

那这几位是从哪儿来的？是谁带它们来的？是自己跑来的吗？它们没有腿脚，自己当然没那本事跑来。那是怎么来的呢？

这就有好几种可能了：风、动物、流水……都可能是它们旅行到这里的"交通工具"。

大家都知道，达尔文是世界著名的生物学家，是进化论的奠(diàn)基人。他就曾观察过植物是如何利用小鸟这一"交通工具"来旅行的。

有一段时间，他仔细地观察了一只在野外活动的小鸟，将它的粪便收集起来，然后进行认真分析，发现这只小鸟的粪便中竟含有12种植物的种子，这些种子中，有许多具有重新发芽、生长的能力。植物便这样达到了旅行的目的——传播种子。

植物旅行的工具很多。有的靠人和动物去吃它，而将它带到别处，像一些水果便是这样。人和动物吃掉了果肉，将种子扔了，它便达到了旅行的目的。有的是靠水流来旅行的，如椰树。有的是靠风来旅行的，如蒲公英。有的是靠挂住动物的皮毛来旅行的，如一些种子带有尖刺或毛的植物。

有不少植物旅行的工具不是单一的，西瓜便是这样的。人或动物吃了西瓜，将瓜子吐到别处，便给了它在别处安家的机

会。风、流水也可能成为它的旅行工具。

这里讲一个西瓜在非洲沙漠中旅行的故事。

我们知道，西瓜最早生长在非洲南部的沙漠中。沙漠中常起大风，到了雨季，还会发大水。这给了果实为圆形的西瓜提供了便利的旅行条件。

西瓜成熟后，大风一起，它便顺风滚动。如果遇上洪水，它便随水漂流，一直到远处安营扎寨。如果遇上干旱，也影响不了种子的发芽、生长。因为它的皮、瓤(ráng)腐烂后会有许多汁液，这些汁液滋润了种子，使种子能顺利地发芽、生长。即使西瓜被动物吃了也没什么，流下来的汁液和残渣中，有时也会有种子，落在适当的地方也会发芽、生长。

看来西瓜旅行的办法真不少。

实际上，在自然界中，有许多植物都有不少旅行的办法。只要我们留心观察，一定能发现不少秘密和有趣的故事。

所谓植物的旅行其实就是植物果实和种子的散布，其对于各种散布力量的适应形式是多样的。比如：果实种子对风力散布的适应，对水散布的适应，对动物和人类散布的适应，靠果实本身的机械力量将种子撒播异处，以及借助火力传播等。

沙滩上的脚印

这是发生在18世纪非洲新几内亚岛上的故事。那时的新几内亚被荷兰殖民者统治着。

这是一个伸手不见五指的黑夜。躲在海滩边一座城堡里的

荷兰殖民者感到格外恐惧，因为他们的统治总是不断地遭到当地新几内亚土著人的反抗。在这样一个黑夜，他们不得不格外瞪大眼睛，以防遭到偷袭(xí)。卫兵们站在城堡顶上紧张地盯着远方。外面狂风怒号，海面上波浪翻滚。汹涌的海浪冲击着海岸，发出可怕的震天动地的声音。站岗的士兵心神不宁，显得格外紧张、惧怕。突然，他惊恐地大叫起来："不好了！快来人啊！沙滩上出现怪物了！"

他的叫喊声立即惊动了城堡里的所有士兵，大家立即穿好衣服，拿起武器，都以为是土著人来偷袭了，做好了应战的准备。可他们来到城堡边向下看去，却个个惊得瞪大了眼睛。原来沙滩上出现的并不是人，而是一长串发光的脚印，由远而近，从海中一直延伸到城堡下。

"天啦！这是什么东西？"士兵们都很惊讶。

为了探个究竟，荷兰军的一个头目便派出几个胆大的士兵走出城堡，看一看到底有没有人。士兵们荷(hè)枪实弹，胆战心惊地查看了好半天，但什么也没有发现。

"那可能是魔(mó)鬼的脚印！"

"海滩上出鬼了！有鬼在捣乱！"

人们议论纷纷，都感到惊恐不安。有的人甚至在描述着魔鬼的可怕样子。连续许多天，大家都在议论那发光的脚印，都在想象着可怕的魔鬼。

不久，又是一个黑夜，狂风大作，波浪滔(tāo)天。这天晚上值班的是个高个子荷兰士兵，他一向以胆大出名。所以尽管夜

黑风高，他还是斗胆走出了城堡。他要将停泊在海边的船系牢，不让风浪将它们冲走。他想找个伙伴去，可谁也不敢随他一块儿去。大家只是站在城堡上看着他走到海滩。当那个胆大的士兵走在海滩上时，城堡上的人惊喜地发现，他每走一步，身后便留下一个发光的脚印，不一会儿，一长串脚印便形成了。

大家先是一愣，接着便议论开了："原来是他将魔鬼引来的！他一定与魔鬼有交道！"军官听了大家的议论，也相信了大家的话，于是他命令不要让这个士兵进城。

那个士兵来到城门前，可城门紧闭，任他怎么叫也没人来开。

这时城堡里的士兵叫道："你这个魔鬼，快走开！"

高个子士兵这才明白过来，原来大家将他与魔鬼联系起来了。他解释了好半天，军官才决定，派几个人和他一起到海滩上去看一看，证明他与魔鬼确实无关。

几个士兵随他一起又一次来到海滩。城堡上的人们更加惊奇了：每个人的后面都留下了一长串发光的脚印。那个士兵是清白的。看来那发光的脚印是人的脚印，而不是什么魔鬼的。接着大家都纷纷出城试着走一走，结果许多串发光的脚印形成了。

其实，那发光的脚印不是魔鬼在作怪，而是来源于一种叫做甲藻的海洋植物。甲藻体内含有荧光素，当它遇到人们踩踏而受到刺激时，它便会发光。甲藻很小，小得连肉眼都看不到。它们是被海水冲到海滩上来的。

会“哀鸣”的树与会“笑”的树

植物没有嘴巴，也能发出声音吗？能。不过它本身不会发声，它是在外力的作用下发出声音的。

纽约长岛的公园里。一个小男孩和一群小伙伴在公园中的树林里玩，不知不觉，天色已晚。小伙伴们陆续回家了，只剩下小男孩一个人在树林中穿行。

突然，他听到不远处传来一阵阵呜呜的哀鸣声。声音随风时断时续，时高时低。小男孩听了，不禁毛骨悚(sǒng)然。

他定了定神，心想：在这公园中会是谁呢？他侧耳细听了一会儿，便壮着胆子向那发声的地方走去。他一步步地走近了，那声音也越来越清晰了。他仔细地寻找着，但除了树，什么也没有。

小男孩奇怪极了，心想：是什么在呜呜哀鸣呢？他顺着声音传来的方向找，终于发现了哀鸣的秘密。原来这声音是从一个

大树洞里传出来的。

这是一棵高大粗壮的树。树干很粗，需要几个人手拉手才能合抱过来。树叶浓密，遮天蔽(bì)日。树根处有个大洞，不知道是什么时候形成的。原来，由于风的吹拂，树洞中便发出了声音。那声音时长时短，宛如有人在悲伤地哭泣。

除了会“哀鸣”的树外，还有会“笑”的树呢。

这是发生在卢旺达一座村庄里的事。

这里的农民在田野边种了许多树。这些树差不多有七八米高。它们看不出有什么特别之处，只是树上挂着许多小球一样的果子。

人们为什么要将这种树种在田边呢？它们难道有什么特殊作用吗？

你如果仔细地观察，便会发现其中的奥秘。小鸟儿们见田里的庄稼成熟了，纷纷赶来啄食，边吃边叫，好不自在。突然吹来一阵风，田边发出了一阵阵“哈哈哈”的大笑声。难道这里有人吗？不是的，这笑声正是树发出的。鸟儿们被吓坏了，扑扇着翅膀逃命去了。以后它们再也不敢来了。

那么，这些树是怎么发出笑声来的呢？原来“作怪”的正是那些果实。这些果实成熟后，里面的种子与果壳分离了，风一吹便会响起来，而这种响声与人的笑声十分相似。

正是由于这种树会“笑”，当地的人们干脆就称它为“笑树”。

植物的本领还真不小呢！

会发光的树

树还会发光？它靠什么来发光呢？你也许会发出这样的疑问。不过看了下面的故事你一定相信还真有此事。

这是发生在北美洲一座小山村里的事。

一天晚上，天空乌云密布，四周漆(qī)黑一团。人们忍受不了闷(mēn)热的天气，纷纷来到野外乘凉。小孩子们不怕热，在周围嬉(xī)闹起来。大人们一边摇着扇子，一边高谈阔论。

突然，不知是谁大叫了一声："快来看啦，那棵树下发光了！"

人们不约而同地将目光投向那棵大树。"啊！"大家都惊讶

得叫出了声。只见那棵树的根部闪闪发光。那是一种冷光，如同一支小手电，在黑夜中显得格外明亮。人们被眼前的景象惊呆了，久久地凝(níng)视着那棵树。

发光的那棵树是棵高大、粗壮的古树。它的树干上虽然出现了不少大洞，但这丝毫没有影响它的生长，它依旧枝繁叶茂，显得很有生机。它的根部有个较大的洞，里面长满了草和菌，由于害怕里面有蛇，没有人敢去看个究竟。

"这一定是鬼火！"

"那棵树一定是鬼树！"

人们一边指指点点，一边议论起来。他们越说越恐怖，直说得每个人都觉得毛骨悚然。于是，大家纷纷回到家中。

不久，这事便被传得沸沸扬扬。

在15世纪那个时代，在那个闭塞(sè)的乡村，人们产生种种恐怖的想象是合乎情理的。

那发光的树究竟是怎么回事呢？其实那只是一种菌丝在"作怪"。由于那棵古树的根部烂了个窟(kū)窿(long)，里面寄生了一种菌，这种菌的菌丝里的物质与氧气会产生化学反应，便发出了一种几乎没有热量的冷光。

在自然界常常会出现这种现象。不过有时也可能是磷(lín)在"作怪"。有的树过多地吸收了地下的磷质，使树的根、茎、叶中都含有磷质，在氧气的作用下也会发光。

植物发光显然是种自然现象，只要我们明白了其中的科学道理，就不会疑神疑鬼了。

最大的花和最小的花

一天，法国学者休·阿尔杰农·威德尔来到巴西，他在这里发现了一种大得出奇的有花植物。原来这是一种水生百合，它差不多是世界上最大的生长在淡水中的有花植物了。

它的生长速度极快，能在不到6天的时间里，从一小片叶芽长成一个宽约1米的大叶子。

这种植物的名字也很奇特，它是以维多利亚女王和它的生长地亚马逊河来命名的，人们叫它维多利亚·亚马逊尼卡。

更为奇特的是，在这种植物的叶子中间，生长着一种差不多算得上世界上最小的有花植物——一种浮萍。它的整株还不到1/6厘米宽，叶长1/20~1/14厘米，是种无根植物。

关于世界上最大的花朵的发现也有个有趣的故事。

1818年的一天，一个名叫托马斯·雷弗莱斯的伯爵(jué)带领一支英国探险队考察热带雨林，在马来半岛婆罗洲的密林深处，发现了一种大得离奇的花。

这种花寄生在一种葡萄的根部，自己却没有根、茎、叶。他们测量了一下，这种花宽约1米，厚约7.5厘米，共5个花瓣，每瓣长约40厘米，重约5.5千克。人们为了纪念这位发现者，便将这种花命名为雷弗莱斯·阿勒德。而阿勒德则是一位植物学家的名字。人们习惯上称之为大王花或大王草。这类植物目前在东南亚热带雨林中还能找到。

世界上花序最大的植物是一种叫做“巨掌棕(zōng)榈(lǘ)”的木本植物。它生长于印度的热带丛林中，生长期长，生长速度慢，要长三四十年才长到20米左右高。花序着生于茎干顶部，呈圆锥(zhuī)形，可高达14米，基部直径可达12米，上面的花朵多的会超过20万朵。这样大的花序有谁能比得了？

但在草本植物中，花序最大的可能要算巨魔芋了。它生长于印度尼西亚苏门答腊岛上的热带雨林里。它的茎干虽然只有0.5米高，可它顶部的花序却特别多。整个花序的高度可达3米，直径约1.3米。这种花虽外形好看，却会发出奇臭无比的气味儿，令人望而却步，可是苍蝇却很喜欢它。原来它就是以臭味来吸引苍蝇帮助它传播花粉的。

墨绿的“巨蛇”

这是发生在许多年前的故事。

一艘海轮在茫茫大海上平稳地向既定目标驶去。今天的天气很好，晴空万里。虽说海上也是不时地吹来阵阵寒风，海面上并不十分平静，但这已是海上常事了。人们纷纷站到船的两侧，欣赏着蓝天碧海，那美景着实让人痴(chī)迷。

突然，有人手指海面，大声叫喊起来：“快来看啊，海里有条大蛇！”

人们被这声喊叫惊动了，纷纷顺着那人手指的方向去看。啊，海里确实有条蛇，而且大得惊人。它在海上一浮一没，缓慢

地游动着。

“看，它是墨绿色的！”

“啊，长极了！”

“差不多有100米长吧！”

人们指指点点，议论纷纷。大家都为看到这么巨大的蛇而惊叹不已。

这事很快便传了出去。后来植物学家告诉人们，漂浮在海上的不是什么巨蛇，只是一种植物。

那么它是一种什么植物呢？原来是巨藻(zǎo)，其属于褐藻类，是藻类王国中最长的一族。大多数巨藻可以长到几十米，最长的甚至可以达到300米。巨藻是世界上生长最快的植物之一，适宜的条件下，每棵巨藻一天就能生长30~60厘米。巨藻的寿命一般在4~8年之间，最长寿的可以活到12年。巨藻原产于北美洲大西洋沿岸，澳大利亚、新西兰、秘鲁等国沿岸均有分布。

巨藻是生活在海洋中的一种很有经济价值的植物，没有像大树那样真正的根、茎、叶，它只有假根、假茎、假叶，但各部位的作用与真的根、茎、叶相似：有起固定作用的，有起输送营养物的作用的，有进行光合作用的。它有个奇怪之处，那就是在假叶的基部有个气囊，它能充气，从而使巨藻可以自在地漂浮于海面。

由于巨藻含有丰富的营养素和多种矿物质，因而被广泛运用。又由于它繁殖快，常常还被植于海堤边，用于防堤护岸。

这墨绿的“巨蛇”作用真大啊！

植物与人的故事

人和动物都离不开植物。植物可以说是环境中唯一的、第一级的生产者,是其他生物生存的最基本能源。植物的作用无处不在,它为人和动物制造氧气、提供食物,还能净化空气、防风固沙、美化环境……可以说,没有植物就没有人和动物。

人和植物息息相关。下面这些故事就揭示了人和植物的关系:植物能帮助人们探矿,帮人们指示方向。巴克斯特的实验、钟罩里的老鼠、海尔蒙特的实验等均揭示了植物中的许多秘密……

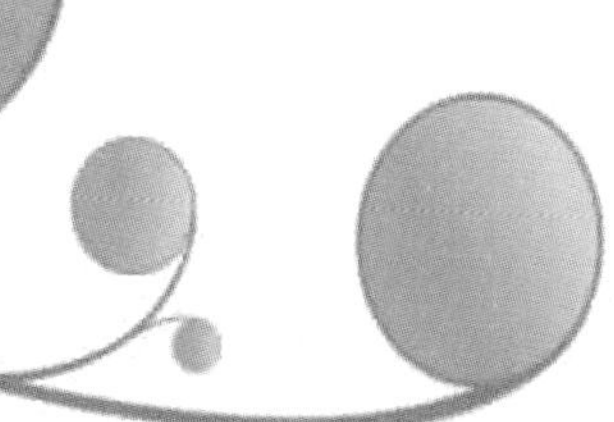

植物“探矿家”

植物不可能四处活动，怎么去探矿呢？我们所说的是植物帮助人们发现矿藏，也就是人们利用植物找矿藏的故事。

不少植物由于生理上的需要，或为了更好地生长，它要吸收一些微量矿物元素。吸收某种矿物元素后，它便通过根将矿物输送到茎、叶、果实等处。地质工作者发现了植物的这一特性，常常会利用植物来帮助找矿。每种植物所需要的微量矿物元素是不完全相同的。如果某地土壤里含有较丰富的某种矿物元素，那么需要这种元素的植物就会在那里生长，并且生长得很好；如果土壤中不含有这种元素，就不能长出这种植物。因此，这种植物就成了该种矿物的标志，而且采集植物标本进行分析，往往比实地勘(kān)探要省事得多。

有一次，一支勘探队到江苏省沿海一处去探矿，其中有个队员建议，将部分人员单独抽出，专门搜寻某些植物，因为这些植物常生长在有某种矿物的地方。如果能找到某种植物，那该处就很可能有某种矿藏。他的建议立即得到了大家的赞同。于是，几名专门搜寻某些植物的人组成了一支特殊的探矿队。

不久，这支特殊的支队在沿海一处发现了一种叫做“海州香薷(rú)”的植物，大家喜出望外。因为海州香薷常常生长在有铜矿的地方，意味着这里藏有铜矿。他们又进行了实地勘探，果

然在这里找到了铜矿。

实际上,许多年以前人们便会利用植物来找矿了。

1934年,当时的捷克斯洛伐克有两位科学工作者,他们在研究某地的玉米时,发现玉米的根、茎、叶中含有微量的黄金。这使他们喜出望外。

“这里可能有黄金!”一位高个子科学工作者说。

“不只是可能,简直可以完全肯定。”矮个子接着说。

“我们可以将砍掉的玉米烧成灰,再看看每吨能找出多少黄金,这样可以判定这里的黄金储藏情况。”高个子建议。

于是,他们将玉米秆烧成了灰烬,然后进行分析,结果发现,1吨玉米灰中竟然含有黄金10克!

“这里的黄金含量一定不会少。”高个子说。

“而且可能不会太深,比较容易提炼。”矮个子补充道。

果然,经过仔细勘探,证实了他们的说法。

植物有时还真能充当一名出色的探矿家呢。

旅人蕉"饮水站"

一群国外旅行者来到马达加斯加。一天，他们要到沙漠区去玩。临行前，大家都说："今天应该多带些水，否则一定会口渴得受不了。"

可当地的导游却说："不必要，大家带上照相机就行了，水就不必带了。"

大家很奇怪。导游却神秘地笑了笑，并说："到时会给大家一个惊喜。"

大家玩了几个小时，在烈日下实在干渴难忍。不少人开始抱怨："我们说要多带些水吧，可导游偏说不需要，现在可倒霉(méi)了。"

导游听了大家的话，却笑容可掬(jū)地说："大家不必担心。我这就带大家到'饮水站'去，让大家喝一种奇怪的水，保证让大家又开心又解渴。"

大家心中直犯嘀咕，猜想："这导游可能是带我们去开水供应站，为供应站拉生意。"但口渴难忍，只得跟着去。

不一会儿，导游将大家带到了一排高大的树前，对大家说："我说的'饮水站'到了，就是它们——这些高大的植物。"

大家面面相觑，不明白导游的意思，心想：导游大概是叫大家"望树止渴"吧？

导游看出了大家的疑惑,便一边掏出刀子一边说:“大家看我的!”

只见导游来到树下,朝着它的叶柄(bǐng)基部划了一刀。啊,奇迹出现了:一股干净的水流了出来,一会儿便流了一杯。

大家惊奇得瞪大了眼睛,有的甚至张大嘴说不出话来。

“请喝吧!”导游举起杯子说。

这群口渴难忍的旅游者这才醒悟过来,纷纷来到树前,划口子,接水,饮用。啊,清凉极了!大家赞不绝口,称奇不迭。

喝好了,大家又为划破了树而惋惜,可导游却坦然地说:“没关系,伤口会自动长好的,只要一天时间就可以了。以后照样能储存雨水。”

大家一边仔细地打量着这个庞大的“饮水站”，一边听导游介绍：“大家别看它长得这么高大，可它并不是树，而是草本植物。它的名字叫‘旅人蕉’。至于它的名称由来，我想不用我介绍，大家一定能猜到；它的别名叫‘饮水站’，这个来历大家也一定能理解。”

“为旅行者供水！”大家不约而同地叫起来。

导游笑了笑，说：“对！正由于它有这么大的作用，马达加斯加人将它誉它为‘圆树’。它可真不愧为这个称号！旅人蕉主要生长在非洲马达加斯加的热带地区，它又被人称为‘扇芭蕉’。它的茎干和棕(zōng)榈(lǚ)树干差不了多少，最高的能达27米，它的叶子长的位置很特别，只长在顶部，很大，呈扇形，像香蕉一样，长达四五米。叶基部像个大杯子，能容下1升的雨水。它开白色的花，花特别大。种子呈淡蓝色。”

一天后，旅游结束了。而这一天留给大家印象最深的当然是“饮水站”——旅人蕉了。

旅人蕉又名扇芭蕉，高大挺拔，娉婷而立，貌似树木，实为草本。其叶片硕大奇异，状如芭蕉，左右排列，对称均匀，它的水分贮藏在粗大的叶柄基部。旅人蕉“身材”魁梧，高达 20 米左右，粗约 50 厘米，叶子一般可达 3~4 米。旅人蕉虽然高大，但它不是树木，而是一种大型的草本植物。旅人蕉的老家在非洲的马达加斯加岛上。马达加斯加人民将旅人蕉誉为自己的国“树”。

南瓜的妙用

提起南瓜，大家一定不觉得陌生。它可以炒着吃、蒸(zhēng)着吃，而且美味可口。它的子制成瓜子，香喷喷的，人人喜爱。它含有多种营养成分，对人很有好处。

南瓜分布很广，因而不同地方的人利用南瓜的方法也不一样。这里先给大家说两个故事。

这事出现在非洲。一天，一条河中出现了一个奇怪的筏(fá)子，它不是用木头做的，也不是用竹子做的，而是用南瓜做的。一个黑人青年站在南瓜筏子上，优哉游哉，好不得意。南瓜能做筏子，这可是非洲人的智慧。他们将南瓜串起来，浮力可大了。

南瓜自然能做成筏子，用它当救生圈便是在情理之中了。

非洲的一些游泳者有时怀抱一个大南瓜，游起来又快又省力。

非洲的南瓜之所以有这样的妙用，这与当地南瓜的特性有关。这里的南瓜质地坚硬，水分很难渗(shèn)入，因而浮力大。

在印度，南瓜的妙用更有趣。

住在森林边的一位老头实在烦透了林中的猴子。这些猴子不仅糟蹋他的庄稼，有时还敢闯进他的家中，偷他家的东西。老人决定给这些猴子一点颜色看看。

大家都知道，猴子很爱吃果子，而且嘴特别馋(chán)，很贪食。这给了老人一些启发。他取出一个南瓜，将南瓜开了一个小口子，这个口子大约容许猴子的一只爪子进入。老人从小口子里将南瓜内的子儿掏尽了，又装入一些果子。这些果子味儿香甜，猴子特别爱吃。

这一切做好了，老人便将这个南瓜放到猴子常来的一棵树下，他自己则躲到不远处的一个树桩边。

“这回一定要抓住一个！”老人蹲在那儿想。

不一会儿，十几只猴子来了，它们在树上跳上跃下，欢蹦乱跳，还不停地叫着，像是在相互招呼：“到老头家去，弄点好吃的！”

“待会儿有你们好看的！”老人在一边愤愤地想。

一只最顽皮的猴子走在最前头，它第一个发现那个南瓜。也许是南瓜里的果子香味吸引了它，它立即跳了过去，毫不犹豫地伸出爪子便去掏，一边还美滋滋地尖叫着。突然，它发觉伸进去的爪子出不来了，急得它一边大叫，一边拖着大南瓜咚咚

响。它的同伴发现了，都不觉吃了一惊。

就在这时，老人拿着网子赶来了。这群猴子见了，也顾不上这个好吃的家伙了，一哄而散。这个贪嘴的家伙想拔出爪子，可又舍不得掌中的果子；不想放果子，可爪子又出不来。它只得拖着大南瓜跑，但还没跑出几步，便被老人抓到了，丢进了网中。直到这时，这个贪嘴的猴子还舍不得放下掌中的果子呢。

第二天，老人准备狠狠地惩罚这个"俘虏"。他将猴子带到树林边，有意让它的伙伴们来看。老人狠狠地抽着它，一边还数落着它们的"罪行"。最后他警告猴子们："下次再来破坏，就打断一条腿！"

林中树上的猴子们一边偷看，一边吓得浑身直打哆嗦。

好一会儿，那个倒霉(méi)的家伙才带着伤回到了树林里。

这以后，猴子们乖多了，再也不敢胡作非为了。

老人的这个办法一传十、十传百，很快便传开了，不少人都用这种办法来抓猴子。

南瓜是葫芦科南瓜属的植物。因产地不同，叫法各异。又名麦瓜、番瓜、倭瓜、金冬瓜，台湾话称为金瓜，原产于北美洲。南瓜在中国各地都有栽种，日本则以北海道为主要种植区。嫩瓜味甘适口，是夏秋季节的瓜菜之一。老瓜可作饲料或杂粮，所以有很多地方又称为饭瓜。在西方南瓜常用来做成南瓜派，即南瓜甜饼。南瓜子可以做零食。

树上长“挂面”

一群访问者来到了非洲的马达加斯加岛。一天，一位友善的马达加斯加人对这群人说：“你们是远道而来的客人，对我们这里的风土人情、奇花异木肯定都会感兴趣。那好，今天我当导游，带你们去看一种有趣的树，看一看树上是怎么长出‘挂面’来的。”

听了他的话，人们惊奇得瞪大了眼睛。

“树上还会长出挂面？”显然，没有人相信他的话。

“眼见为实。待一会儿，你们看一看便知道了。”友善的“导游”说。

这位临时导游把大家带到了山边的一座林子里。他指着人们面前的那些树说：“大家看一看，树上挂着什么？”

人们不约而同地抬头看去。天哪，树上确实挂着许许多多的“面条”，长短不一，最长的差不多有两米。

“呀，真是面条！”人们一边指指点点，一边惊叫。

“这回你们该相信了吧，树上真会长‘挂面’。”临时导游坦然地说。

人们欣赏(shǎng)好了，临时导游向大家介绍道：“这种树我们当地人叫它‘面条树’。显然，它的名字反映了它的果实形状。这种面条状的果实，人们叫它须果。须果成熟了，人们便将它收回去晒干，要吃的时候很方便，只要用水泡一泡，再煮(zhǔ)一煮，加上调味品就行了。这种树每年在四五月份开花，七月份果实便成熟，可以收下了。我们这里人都爱吃。”

人们好奇地瞪大眼，静听着主人的介绍。

停了一下，这位马达加斯加人宣布：“今晚我要招待大家。大家猜一猜，今晚我们吃什么？”

“面条！”人们异口同声地说。

“对！可那不是面粉做的，而是——”马达加斯加人有意在调动大家的情绪。

“树上的面条！”人们兴奋地补充道。

“牛奶树”与“羊奶树”

一看到这个题目，你一定会窃(qiè)笑。只有奶牛、奶羊能产奶，难道树上还会长出牛奶和羊奶吗？

不过可笑归可笑，事实就是事实。世界上还真有能够产出如同乳汁一般的白色液体的树。

这是在巴西亚马逊河流域出现的真实事情。

一群工人正在采集“奶液”，他们不是从奶牛、奶羊身上挤奶，而是从树上取奶。你瞧，他们用刀子将树皮划破，不一会儿，白色的“奶液”便从口子中流出来，流进工人手中的小桶里。如果称量一下，每棵树差不多能产3千克的“奶液”。

这种有趣而有益的树，当地人干脆就叫它为“牛奶树”。这种“牛奶树”很有经济价值，它是当地人致富的法宝。

工人们将“奶液”集中起来，然后进行稀释、烧煮(zhǔ)。这样做是为了除去“奶液”中的有毒成分，因为直接饮用对人体是有害的。

这种“奶液”喝起来十分可口，如果不仔细分辨，你一定会以为是真正的牛奶，因为它的颜色和味道同真正的牛奶没什么区别。

“牛奶树”是直接为人们提供“奶液”的，而“羊奶树”则间接为人们提供“奶汁”。

在希腊的吉木斯一带，牧羊人将一群羊赶进林子里。这些羊说也奇怪，它们对林中的草兴趣并不大，而是抬起来，吮吸着树干上一个个突出的部分。再仔细一看，你会发现，这些突出的部分，正不断地流出一种白色的液体。原来，羊群来到林子里并不是为了吃草，而是来喝“奶”的。

在这个林区，有一种被当地人称为“马得道其菜”的树。这种树长得很粗壮，几个人手拉手才能围得起来。它的树干上长满了“疙(gē)瘩(da)”，牧羊人都叫这些“疙瘩”是“绿色奶苞(bāo)”。“奶苞”不断地流出“奶汁”——白色的液体，羊儿特别爱喝这种“奶”，它们吃了“奶”，长得又快又壮。

羊儿长大了，自然又产出更多的奶为人类服务，所以，牧羊人又把这种树称为“羊奶树”。

自然界就是这么神奇而有趣。

“雨树”与“洗衣树”

植物世界不仅五彩缤纷、多姿多彩，而且神奇、有趣。就在这个看似无声的世界里，有着许多美妙、奇异的故事。如果你去仔细探究，一定会流连忘返。

下面两件趣事便是发生在植物世界中的真实的事。

如果你来到斯里兰卡的首都科伦坡，你会见到一种被当地人称为“雨树”的植物，会听到关于“雨树”的许多趣事。

一天，一位外地人来到科伦坡。早晨，他在树下闲逛，阳光灿烂，柔和的光线透过树叶射到地面上，像一缕缕细线。可就在这时，不知从哪儿飘来了一阵雨。

这位外地人好生奇怪，不禁抬起头四处寻找。这显然不是从天空中落下来的，因为天空晴朗，万里无云，怎么会下起雨呢？他想，会不会是什么小动物在作弄他？但他找了又找，树上什么也没有。

这位外地人非常纳闷，便去问过路的当地人。

当地人听了笑笑说："既不是天下雨，也不是小动物作弄你，是从树上落下来的。这种树叫"雨树"。晚上，它会把水汽收集到叶子上，将叶子卷起来；到了第二天早上，阳光一照，叶子又会舒展开，水珠便从中滚落下来，像下起了阵雨。"

这位外地人终于明白了，他目不转睛地看着那一片片宽大的树叶，自言自语地说："我总算看到'雨树'了。"

如果你来到阿尔及利亚，在那儿你会发现人们洗衣时不用洗衣粉或肥皂(zào)，而是利用树上分泌出的液汁来洗衣服。你会看到那些被当地人称为"洗衣树"的植物。

妇女们要洗衣服了，她们不是来到河边，而是来到树林。到林中后，只见她们将衣服抖开，依次绑(bǎng)到树干上。过上一段时间，她们又将衣服取下，搓(cuō)搓揉揉，用水冲一冲，衣服便干净了。

你也许觉得很奇怪，她们没有用任何去污(wū)剂，可洗的衣服却格外干净，一点不比用肥皂、洗衣粉的效果差。

这可都得归功于这些树啊，是它们分泌了一种液体清除了衣服上的污物。这种液体含有碱质，去污效果非常理想。大家都称这种树为"洗衣树"。

“绿带”的秘密

我们知道，人需要微量元素，植物也需要微量元素。有的植物缺了某种微量元素就会不开花、不结果；有的植物缺了某种微量元素就会变得干枯，甚至枯萎、死亡。微量元素别看它少得可怜，它的作用却不小。

比如有一年，中国某省就出现过一件怪事：大片小麦只开花却不结子粒。农民们辛苦了一季，却劳而无获，汗水白流，这叫人多伤心。这是怎么回事呢？经有关专家检测，发现小麦生长缺少了一种叫“硼”的微量元素，小麦“花而不实”正是缺硼(péng)的结果。可见微量元素是多么重要。

从下面这个故事中我们同样也能看出微量元素对于植物的作用。

这事发生在几十年前的新西兰。

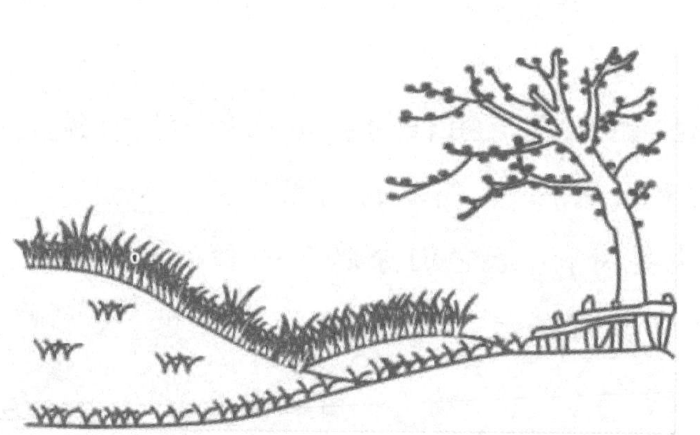

一位牧民看到朋友的牧场绿草如茵(yīn)，长势很好，自然羊儿长得也壮。他便向朋友请教经验。朋友告诉他，他种了一种新

品种牧草，这种牧草长势旺，而且很嫩，非常适合羊的口味。他听了朋友的介绍后，立即去购得这种牧草的种子，种植下去。他盼望着这个新品种能给他带来好运。

可天不助人，他种下牧草后，气候一直不好，致使牧草长势很差，又黄又矮，反而不如先前的牧草。他唉声叹气，懊悔改种这种牧草。他更埋怨老天在有意和他作对，使气候如此反常！

他望着自己的牧场愁眉不展。他在牧场上一边走，一边叹气。突然，他眼前一亮，一条绿色的长带闪入他的眼帘。在牧场的北角，有一片狭长地带的草却长得非常好，绿得发亮，与别处的草形成鲜明的对比。

他惊奇极了，连忙跑了过去。

这是怎么回事呢？这里的地形、地貌同别处没什么区别，土质也一样，为什么形成了这么个“绿带”呢？他大惑(huò)不解。

他向四周看了看，也没什么特别之处，只不过离这儿不远有个钼(mù)矿场，而那儿似乎与牧场也没什么关系。

他只得去请教专家，让专家来指点迷津，弄清原委。

不久，专家找到了答案。

原来，这条“绿带”是附近那家钼矿场工人抄近道常走的地方。工人们的鞋底上粘上了钼矿粉，而这些钼矿粉为牧草带来了生机。因此，虽然当年风雨不调，可因为有了钼的作用，牧草依然长势很好。

牧民这才恍然大悟。他照着专家指点的方法去做，第二年牧场的草便一片葱(cōng)茏(lóng)。

花的报时本领

有这样一首歌谣，道出了江南不同季节里所能见到的代表性花卉：

一月腊梅凌(líng)寒开，二月红梅香雪海，
三月迎春报春来，四月牡丹又吐艳，
五月芍(sháo)圆，六月栀(zhī)又白，
七月荷花满池开，八月凤仙染指盖，
九月桂花香满院，十月芙蓉千百态，
十一月菊花放异彩，十二月品红顶寒来。

花儿不仅与季节有关，它的开放还和时间有关呢。

数年前，苏格兰的爱丁堡街心花园出现了一座奇特的钟。这座钟的下部埋藏在地下，只露出用金属制成的空心表针。钟面布置着各种花卉，钟面上的12个数字都是由不同的花卉组成的。钟面直径达4米。时针指示的数字上总是鲜花盛开。这个大花钟可称得上是世界上最早的一座按现代钟造型设计的花钟。

这个花钟便是根据不同植物开花时间的相对稳定性而设计的。如果我们仔细观察便会发现，每种植物的开花时间往往是比较固定的，有的在早上开，有的在中午开，有的则在下午或晚上开。

瑞典植物学家林奈就曾根据植物开花的这个特性，选择了不同的花卉，培植了一个大"花钟"，只要人们看一看哪种花开了，便能估计出大致的时间。

下面便是花儿开放的时间表：

蛇麻花：3点左右；

牵牛花：4点左右；

野蔷(qiáng)薇(wēi)：5点左右；

葵花：6点左右；

芍药花：7点左右；

半支莲：10点左右；

鹅肠菜：12点左右；

万寿菊:15点左右;

紫茉莉:17点左右;

烟草花:18点左右;

丝瓜花:19点左右;

昙(tán)花:21点左右。

那么,花儿开放为什么有这种特性呢?

这也是植物适应自然环境的结果。植物对阳光的反应不同,开花的时间也是不同的。不少植物都是依靠昆虫来传粉的,为了适应昆虫的活动时间,它们的开放时间也就相对固定了。

例如,上午蜂类活动频繁,中午蝶类活动多,傍晚和晚上蛾类纷纷出动。为适应这一规律,适于不同种类昆虫传粉的植物便“学会”了选择时间来开花。这使花儿有了一种特殊的本领——报时。

小朋友们知道吗?在中国青海和新疆有一种能报时的花。春夏之际,在青海湖和新疆玛纳斯草原,到处盛开着红的、蓝的、紫的、灰的、白的花朵。其颜色不同,开放的时间也不同。淡黄的花专在早晨8点钟开;橙红色的花喜欢在中午12点怒放;灰色的花要等到下午5点钟才破蕾绽开;到了晚上看不到花的时候,只要闻到空气中有茉莉花的清香时,那肯定是晚上8点多钟了,因为白色的花准时在这个时间开放。

一句诗的故事

植物界中有许多奥秘往往不为人所知，有许多新奇植物也是世人罕(hǎn)见的，由此常引起一些人的误解，这也是正常的事。

下面这个错改一句诗的故事便是其中的一例。

你见过五狗花吗？它是我国海南岛上的一种有趣的植物。它那淡紫色的花十分诱人。最有趣的是要数它的花心。如果你仔细地看，便会发现，上面组成了五只小狗。

由于它有如此独特之处，人们便给它起了这么个名字——五狗花，这名字既形象又有趣。

宋朝时一位文学家看到了这样一句诗"五狗卧花心"，他读了觉得非常不妥，即使是小狗，也不可能躺在花心中呀。显然，这位文学家是"望文生义"。于是，他一边笑着，一边将"心"字画掉，改为"荫"。于是那句诗变为"五狗卧花荫"了。

后来这位文学家被贬(biǎn)到海南岛。一天，他看到一种花十分奇特，花心像是由5只小狗组成的。当地人告诉他，这便是五狗花。

他猛然想起自己曾改过的那句诗来，原来是错怪了诗人，这眼前的花分明是"五狗"卧其中的。

最轻的、最重的与最硬的

在南美洲的热带雨林中，几个伐木工人将一棵一二十米高、一人都难以抱过来的大树砍倒了。大家七手八脚将树的枝叶砍去。

这么大的树怎么运呢?他们除了带来的锯(jù)子,什么运输工具也没有。

这时,一名身强体壮的男子走了过来,伸开双臂一下子将大树扛了起来,步履(lǚ)轻快地走了。

看到此情此景,你也许感到十分惊讶:这人真是个大力士啊!其实他只是个普通人,并不是什么大力士。他能扛起这棵大树,是因为这棵树并不像人们想象的那么重,而是特别轻。人们叫它“轻木”。

轻木是一种高大的绿色乔木，大多生长在热带沙质土壤中。它的生长速度极快,一年可长4米左右,七八年时间便能长成高达数十米的大树。轻木也是个“高个子”,有时能长到三四十米高。轻木之所以这样轻，是因为它的树干细胞中存在大量的空气。如果你在它的树皮上

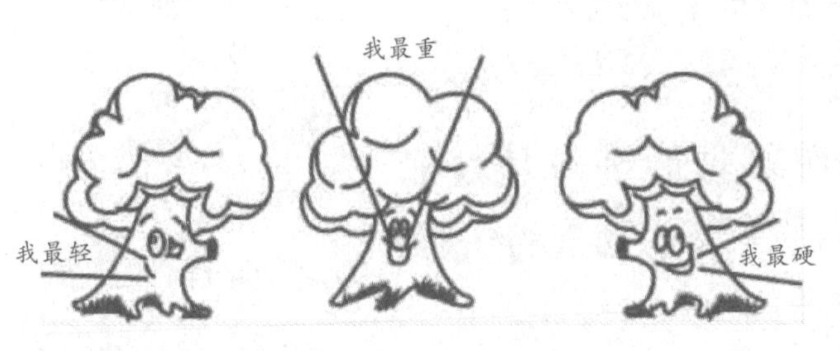

按一下，会揿(qìn)出一个凹陷的手印来。

与轻木相反，还有这样几种又硬又重的大树。

300多年前，俄国与土耳其之间曾发生过一场交火于亚速海上的海战。双方都投入了重兵，并派来了大批战船。

当时的战船都是木制的。一开始双方势均力敌，分不出胜负。但不久，胜利的天平开始倾向俄军。俄军在彼得大帝的指挥下，渐渐控制了战场上的主动权。他们不断冲击土耳其船只，许多土耳其战船都中弹起火了。

土耳其海军不甘示弱，他们在统帅的指挥下决定“擒(qín)贼先擒王”，集中火力攻打彼得大帝的指挥船。随着一声令下，炮弹纷纷打了过来。可令土耳其将士大吃一惊的是，他们的炮弹在这只船上失去了威力，一落到船上便被弹走了。

土耳其军队吓坏了，大败而逃。逃回后，他们还心有余悸(jì)，不知彼得大帝使用了什么“神招”。

其实，彼得大帝的船是用橡树制成的。橡树不仅不怕水泡和火烧，而且木质特别坚硬，这使不少炮弹落到船上都被弹进海中。

实际上比橡树还坚硬的植物还有不少。在中国的西双版纳便生长着一种名为“铁木刀”的树，它的木质十分坚硬，一般刀斧根本砍不了它。如果将它放在水中，它会像石块一样沉下去。由于它坚硬耐用，有时还被当做机器零件使用。

中国东北地区还有一种铁桦树，它的木质也特别坚硬，比橡树要硬3倍，甚至比铁还硬。这种树的寿命很长，可活300年以上。如果用它来做机器零件，显然也是非常合适的。

小草帮你指方向

那是在俄罗斯中南部的大草原上，一位青年人迷失了方向，找不到来时的路了，十分着急。突然，他看到远处走来一位老人，便向老人打听方向。老人问明了他来时的地方，便说："向北走。"

可是年轻人看了看周围，又看了看天空。四下望去是无边无际的草原；天上阴云密布，没有太阳。

"可哪一边是北呢？"年轻人问。

老人用手指了一下，说："这一边。"

年轻人说了声"谢谢"，刚转身，老人又叫住了他，说："我给你介绍一位朋友，它可以带你指明方向。"

老人说着，弯下腰，随手拔起了一棵草，说："就是它。你看它，叶子垂直向下，可茎两侧的叶子却是有规律地整齐排列的，它们排列的方向便是南北向。"

年轻人接过那株草，仔细端详了好半天，不禁感叹道："真是神奇！"

“是啊，”老人接着说，“这也是它适应大自然的结果。这里的夏天气候干燥，水分蒸发快而多。它为了适应这种环境，只得将叶子垂下，侧对阳光。”

“噢，原来是这样。”年轻人终于明白了，“那么它叫什么？”

“人们习惯于叫它‘指南草’，实际上它叫野莴(wō)苣(jù)。”老人边走边说。

年轻人在野莴苣的帮助下，终于找到了要找的地方。

植物王国就是这样奇妙。实际上，植物界还有不少花草具有这种功能。据说，在中国的内蒙古大草原上，有一种叫麻头花的植物也有这种指示方向的功能。因此，如果我们在野外迷了路，花草有时也能为我们指明方向，充当“指路人”。

要是在野外迷了路，你还可以找到多种办法：若是在雪地里，你可以看看积雪，积雪厚的山坡一侧则是北方；若是在山林中，你可以看看树的枝叶，浓密的一侧则是南方；当然，在晴天，太阳便是最好的“指路人”。

即使没有指南针或者阳光，你也能从植物中得出有关南北方向的信息。植物一般都趋向阳光生长，使它们的花儿和大多数生长充裕的叶片在北半球时朝南，在南半球时朝北。如果树木已经倒下或者被砍倒，树桩上年轮的模式也能指示方向——在面向赤道的一边年轮间距更宽一些，生长更茂盛一些。

用树浆涂箭

很久很久以前，生活在热带地区的一群土著人相约去丛林中打猎，为第二天的庆祝活动做准备，让所有的来客都能吃到丰盛的晚餐。

这群土著人的头目让大家准备好弓箭，然后便一同出

发了。

他们头插树枝，赤裸(luǒ)着身体，显得格外健壮。他们没有立即去分头寻找猎物，而是来到几株高大的树旁，取下砍刀，在每棵树上都砍下几刀，削去一块块树皮。

不一会儿，树的伤口处流下了白色的树浆。土著人谨慎地走到树下，小心地将箭伸了过去，在箭头上蘸(zhàn)了一些树浆，之后才离去。

一切准备就绪，这群人才钻进丛林深处，开始搜寻猎物了。突然，林中出现一头鹿。鹿似乎察觉出了什么，警觉起来，抬头张望。突然间它发现了猎人，转身迅猛地奔跑起来。

一个土著人张弓搭箭，只听“嗖(sōu)”的一声，箭射中了鹿的大腿。这只鹿没跑出几步，便栽倒了。等土著人赶到时，它已气绝身亡。

这就奇怪了，那支箭只射中它的大腿，它怎么会这么快便死了呢？这便是箭头上蘸了那种树浆的缘故。

那么，那种树浆又是什么？为什么有如此厉害的毒性呢？

原来那种树是一种高大的乔木。虽然从外表上看，它并没什么特别之处，可它的“内心”却与众不同。它的体内有一种白色液汁，一刺破树皮就会流出来。这种液汁含有剧毒的物质，十分厉害，只要将它注入动物体内，哪怕只是一点，动物也会很快毙(bì)命。那只鹿便是中毒而亡的。

这种树有个可怕的名字——“见血封喉”。它虽然含有剧毒，但可以制药，因而也是种很有价值的植物。

植物地雷

这是发生在南美洲热带雨林里的故事。

一天，一支殖(zhí)民者的军队来到了密林中，想再次攻打这里的主人——印第安人，妄图使印第安人屈从于他们，当他们的仆人。可印第安人是不屈的，他们骁(xiāo)勇善战，令这群强盗胆战心惊。

这支侵略军在几个月前的一次进攻中，损兵折将，大败而逃。今天，他们又做了更充分的准备，想一举歼灭这些不听话的“野蛮(mán)人”。

印第安人知道来者不善，必须做好充分的迎战准备。他们提前几天在密林中设置了“机关”。有的地方挖上陷阱，有的地方设置木签，有的地方设计了箭……最有趣的便是埋上了许多“地雷”。

你也许会问，那时哪来的地雷呢？当然那不是用金属、炸药制成的真正的地雷，而是一种天然的“地雷”。它的真名叫“马勃”，是一种形如西瓜的天然真菌。不少成熟的马勃里都有黑色的粉孢(bāo)子。

印第安人小心地将它们埋到地下，上面铺了薄薄的一层灰土，或用小草、树枝伪装起来。

这天，侵略军趾(zhǐ)高气扬地来了。他们仰仗着先进的武

器装备，满以为一定能让那些印第安人俯首求饶。

可当他们进入密林时，便遭到了袭击。有的碰到了绳索，被设有机关的箭射死了；有的掉进了陷阱。更让他们魂(hún)飞魄(pò)散的是那些“地雷”。一旦踩上了“地雷”，“地雷”立即爆炸，粉末四溅，呛(qiàng)得人泪流满面，咳嗽不止。这群侵略者实在忍受不了了，只得四下逃窜。

隐蔽(bì)在附近的印第安人见状，举矛拿刀，冲了上来，杀得侵略者鬼哭狼嚎(háo)，节节败退。侵略者的进攻又一次被打退了。

事后，印第安人都说今天的“地雷”发挥了巨大的作用。

而侵略者逃回后还在感叹：“印第安人真神了，不知从哪儿弄来了那么多地雷。太可怕了！”他们也许至今还没弄明白那些“地雷”到底是什么呢。

贺龙亲口尝野菜

红军长征时期,贺龙所在部队已经断粮多日,人们只得靠采集野菜来充饥。头几天,大家吃的野菜种类并不多,虽然不可口,但也能充饥。

这一天,大家又采来了不少野菜,但是个新品种,闻起来还有股清香,大家心中很高兴,都说今天要美餐一顿。

不一会儿,炊事员便将野菜洗净下了锅。野菜煮好了,散发的香味着实让人流口水。就在这时,贺龙走了过来。他揭开锅闻了闻,又看了看地上丢下的几棵野菜,便对炊事员说:“今天的野菜是个新品种嘛。”

炊事员听了呵呵一乐，说:“看样子您吃的野菜真不少，连什么品种都记住了。”

“新品种可要当心啊，防止吃了中毒。”贺龙说。

“您放心，不会有事的。”炊事员笑着说，“闻闻这味道，也不像是有毒的。”

“我先尝一点，试一试。”贺龙说着随手舀(yǎo)了点汤尝了尝。

“味道怎样？”炊事员问。

“嗯，好！”贺龙答道。

过了一会儿，炊事员准备通知开饭了，突然有人来报，说贺龙的脸色发白，晕了过去。炊事员立即意识到，他可能是吃野菜中毒了。医生很快被叫来，幸好贺龙吃下的菜汤不多，不多时便恢复了。炊事员深感内疚(jiù)。贺龙却说:“大家没吃就没事，以后当心便是。”

贺龙亲口尝了尝，避免了一起野菜中毒事故。这以后，炊事员对煮野菜格外小心了。

在植物王国里，有许多植物形同家常菜，而且闻起来气味也很好，可它们往往含有毒素。例如马芹(qín)这种草本植物，它的外形同芹菜十分相像，如果不仔细辨别，是很难区分的。它散发的香气同芹菜也相仿，稍不留意，就会将它当成芹菜。可这种马芹含有大量的毒芹碱(jiǎn)，人吃了后会头晕、呕吐；食用过多，还会使人手脚发麻，甚至死亡。

可见，我们在野外采集野菜、野果、野花时，不能单纯从其外观辨别，在不熟悉其特性时不能去吃，以避免误食而中毒。

紫罗兰将军

紫罗兰将军是谁？也许知道的人并不多；但提到拿破仑这个名字，就没有人不知道了。

拿破仑为什么被称为“紫罗兰将军”呢？这里还有个有趣的故事呢。

众所周知，拿破仑是法国历史上的一位风云人物，也是欧洲历史乃至世界历史舞台上的一位关键性人物。他虽然是个英

雄,但他对紫罗兰的喜爱并不亚于他对战争的喜好。在他的前庭后院乃至室内,到处都有紫罗兰的美姿。他酷爱紫罗兰,超过了所有的花卉(huì)。正因为如此,他才有了“紫罗兰将军”的称号。

据说1814年他的第一帝国被推翻后,他被流放到厄(è)尔巴岛。走时,他信心十足地宣称:“我会在紫罗兰盛开之时回来的!”

果然,第二年春天,当法国大地上紫罗兰盛开的时候,拿破仑领兵杀回来了,将路易十八赶下了台,又登上了帝王的宝座。这时,欢迎拿破仑的人们的手中都拿着紫罗兰花。也许是受拿破仑的影响,当时的许多人都对紫罗兰情有独钟。

但是好景不长。1815年6月,英国、俄国、普鲁士、奥地利等国联军结盟攻打法国。经过滑铁卢之战,拿破仑大败。他被流放到大西洋南部的圣赫(hè)勒拿岛。

厄运降临到了拿破仑身上,同时也降到了紫罗兰身上。种养紫罗兰在当时被视为对帝国的怀念和对拿破仑的倾慕(mù),因而会被问罪,甚至要被关进牢中,进而杀头。人们视之为恶魔,避之不及。很长时间,紫罗兰再也无人问津了。

实际上紫罗兰不过是种植物,就是这样一种不存在感情的植物也被卷进政治旋(xuán)涡(wō)中,实在有些可笑。

紫罗兰是十字花科紫罗兰属约50种植物的统称,原产于欧亚及非洲南部,其中的许多种都有着芳香的花,因而深爱人们的喜爱。

树木防火

我们知道，树被砍伐后晒干可以作为燃料烧水做饭。可你是否知道，大树却有着防火作用？

1979年，日本的防火专家们正在做一项实验，以便检验树木是否有防火的性能。他们做成了两排木屋，长度相同，都是20米，对齐排列着，前后相距数米。在两排木屋之间，前面的10米栽上了10株3米高的树，后面的10米则空着。

一切准备就绪，实验人员开始点火。大约过了10分钟，没有树木阻隔的部分火势蔓(màn)延很快，另一排木屋的相对应部分受到热辐(fú)射而起火。而有树木阻隔的一半则安然无恙(yàng)，一直到火势延伸过来才起火。显然，树木对阻挡火势的蔓延起到了不小的作用。

由于树木能依靠水分蒸腾而散热，并且温度越高，蒸腾作用越明显，因而有着降低温度的作用。同时树木还有隔热作用，能通过辐射散热。树木的这些作用已在许多次火灾中得到了验证，从而促使人们注意测试不同树木辐射燃点的温度，以选择防火性能好的树，种在某些特定的防火区。

听到人们在做树木防火实验的故事时，你也许会想，如果能有一种树会帮助人们灭火该多好啊。这不是幻想，植物界中还真有一种可以自行灭火的树呢。

这是发生在非洲安哥拉一处树林中的事。几个人有意在几棵树下放起了火，待火着了，火势迅速蔓延，几个人也跑开了，站在远处看，也许你担心这会引起丛林火灾。然而，当火扑向那几棵树时，那几棵树突然从节包处喷出许多泡沫来，不一会儿便将火浇灭了。

这是怎么回事呢？原来这种名叫梓(zǐ)柯(kē)的树有着奇特的灭火功能。梓柯树是种常绿乔木，细长的叶子总是向下垂挂着。它的枝丫上有许多节包，像一个个小皮球挂在枝上。如果你划开节包，便可发现里面有许多液体。正是这种液体起到了灭火的作用，因为液体里含有大量的二氧化碳。

这种树对火很敏感，一旦近处着火，它便会从节包上的小孔中喷射液体。有趣的是这种液体喷出后便成泡沫状，灭火功能很强。

你也许会想，要在防火区多种些这种灭火树该多好！可我们也别忘了，每种树都要有特定的生活环境条件，故它只能生长在能满足它的生存条件的地方，如果环境不适宜，它就不能生存。

植物与地震

我们知道,在地震前不少动物都有异常表现。可你是否知道,许多植物在地震前也有异常反应。

有人认为,世界上约有30万种植物会在震前出现异常现象,有的出现早些,有的出现晚些,而且表现的方式也各不相同。有的能在震前一年出现异常现象,有的则在几个月、几天甚至几小时前,而那些反常现象又与别的灾害对植物造成的影响不同。

据说1976年,日本地震俱乐部的会员观察过含羞草的表现。因为含羞草是一种感觉灵敏的植物。他们观察发现,震前的

含羞草的叶子出现了反常的闭合现象。

1970年,中国宁夏的西吉发生过一次地震,人们在震前发现了一个怪异现象:震前1个月左右(还是初冬季节),在离震中60余千米的隆德,蒲公英突然开起了花。

震前的植物为什么会有异常表现呢?

这与震前的地层发生一系列的变化有关。地震是有孕育过程的,震前的地电、地磁、地下水等都会有一定的变化,这便使植物要改变常态以适应变化了的条件,从而出现了一些反常现象。

关于震前植物的变化,日本鸟山教授的研究很有意义。他通过测定震前植物体内的微电流变化而预测地震。

1978年6月12日,日本宫城县海域发生了一次7.4级的强烈地震。

在这次地震的前后,鸟山教授观察、研究了豆科植物合欢树的变化。6月10日之前,鸟山测得的合欢树的电流都是正常的;可在10日、11日两天,仪器显示的电流变大了许多;12日中午,电流又一次增大。不久,也就是下午5时多,地震发生了。地震持续一段时间,随着几天余震的消失,仪器测得的电流也恢复到正常水平。

植物变化与地震的关系还有许多问题值得我们去研究和探索。植物对预测地震的贡献到底会有多大,还有待进一步研究来证实。相信在不久的将来,人类一定能攻克地震预测这个难题。

奇异的致幻植物

这是发生在早年危地马拉印第安人中的故事。

宗教仪式开始了，人们一边唱一边跳。祭(jì)司在一边煞(shà)有介事地等待着神的旨意。不一会儿，祭司让大家去吃一种被称为“提奥那纳托卡”的“神蘑菇”。人们津津有味地吃着，不知不觉间，便感到自己来到了仙境，有种飘飘然之感，并且看到了奇异的东西。祭司告诉大家，他们已经感知到了神的旨意，神与他们共在，并且神会给他们启示，能够预知未来。

这是美国真菌学家沃(wò)森在研究古代危地马拉印第安人为何崇拜一种叫蛤蟆菌的野蘑菇时描述的情形。

沃森的研究源于人们对古代玛(mǎ)雅(yǎ)文化的研究。20世纪50年代，人们在危地马拉的玛雅文化遗迹中发现了这样的现象：不少书以及石雕中出现了蛤蟆菌的造型。蛤蟆菌是当地的一种有毒蘑菇，人们吃了就会产生幻觉。这种幻觉要持续好一会儿才消失。

古代的印第安人对它为什么情有独钟呢？人们大惑不解。后来法国学者海姆通过研究认为，它可能是古代印第安人崇拜的对象，具有宗教意义。他的说法既有人赞同，也有人反

对。但不管怎么说，蛤蟆菌确有让人致幻的作用。

无独有偶，后来又有人研究发现，在美国得克萨斯州与墨西哥交界处的印第安人，也崇拜一种致幻植物。那是一种仙人掌类植物，被称为佩奥特仙人球。

一天，东方欲晓，晨星未落。一群印第安人在宗教首领的带领下来到墨西哥格兰德河谷沙漠中。这里生长着许多球状植物，这便是佩奥特仙人球。这种仙人球外形十分奇特，扁球状，上面有几个明显的裂(liè)纹。它的叶子退化不见了，上面长着许多鲜嫩的芽苞，中心还开着白色或粉红色的小花。它的个头很小，但埋在地下的根却很大。

人们在首领的指导下开始向仙人球顶礼膜(mó)拜。一系列程序完成后，大家开始将仙人球顶部鲜嫩的部分切下，又将芽苞削下，接着便大口咀(jǔ)嚼(jué)起来，同可可饮料一起咽下。不一会儿，神奇的感觉出现了，人们仿佛离开了尘世，来到虚幻的神仙世界，在那里可以见到各种美妙的景象，听到“神”的教诲。一段时间过后，人们才从“仙境”中醒悟过来。

这种致幻植物被赋(fù)予了宗教色彩，使当地的人们对它崇拜之极。

16世纪西班牙人征服了墨西哥，但当地的印第安人对那种仙人球的崇拜并没有改变。

致幻植物之所以能使人产生各种幻觉，是因为它的体内含有毒性化学物质，会对人的大脑产生影响，从而使人处于幻象中。这些植物在世界上还有许多种类，例如大麻、古柯等，被人食用后会对人的大脑产生有害的致幻作用。

克隆植物

当克隆动物在世界上不断出现的时候，人们便担心克隆人的出现，一些国家甚至制定法规，禁止从事克隆人的活动。

“克隆”虽然是个时髦(máo)的新名词，实际上在植物实验中早就有了。

1902年，德国学者贝尔兰德提出了这样的设想：从植物的根、茎、叶等任何地方，如果取出一小部分进行培育，一定能培植出它的全株来。这一设想在当时虽然没有实现，但它并不是空想，而是有一定的科学道理的。

1958年，美国植物学家斯图尔特终于将这一设想变成了现实。在这一年，他的那项具有划时代意义的植物体细胞培育试验获得了成功。他将胡萝卜的单细胞放在培养基上培育，终于培育出一棵完整的胡萝卜来。

这一试验很快传遍全球。植物学家们由此认定，植物体中的每个细胞都有一套完整的遗传密码，它身上的任何部分的任何细胞都是“全能”的。

随后人们又进行了多种试验，使许多植物的单个细胞都在人工培养基上培育成整株植物。

更有意思的是，植物学家们还在人工培养基上利用植物单个细胞进行了杂交，培育出一株杂种来。1972年，植物学家卡尔逊用粉蓝烟草和郎氏烟草进行了试验。他在两种烟草上各取出一个细胞放在一起培养，并使其融合，终于培养出一株杂种烟草来。

随后人们又用别的植物进行了试验，也获得了成功。

克隆动物显然是在植物试验的基础上，人们受其启发而进行的。当然植物与动物毕竟有着本质的区别。

其实所谓克隆就是一种无性繁殖方式，是一种利用生物技术由无性生殖产生与原个体有完全相同基因组织后代的过程。

哥伦布的信

1856年，一艘双桅(wéi)帆船在浩渺(miǎo)无边的大西洋上航行。突然，海面上刮起了大风暴。顿时天空阴云密布，海上波浪滔天，船剧烈地颠(diān)簸(bǒ)起来。

不知过了多少时辰，船随波逐流，漂到了一处海湾。船员们在船长的吩咐下，纷纷上了岸，一同挖掘沙石，用来压舱，平稳船只。

突然,一个船员挖出了一个奇异的黑球来。他连忙拾起,这个黑球并不沉,轻如木头。他将圆球擦净一看,上面涂了一层黑色的沥(lì)青。大家都围拢来,不知道是什么。

他们小心地将它打开,一看,不过是个椰子壳,里面还有一张羊皮纸。大家又将纸打开,纸上有文字,像是一封信。

后来经过翻译才知道,这是15世纪哥伦布发现新大陆时写的一封信。这封信显然是半途“丢失”了,没有到达收信人的手中。

这封信至少说明了两个问题:一是当时的人们掌握了椰子的特征,二是他们知道海水是流动的。

这个故事又不由得使我们想起椰子传播种子的方式来。也许大家都注意到了这样一种现象:椰子树都是生长在江河海洋的沿岸。

这是为什么呢?这就跟椰子树靠水流传播种子有关。椰子果的中层是个疏松的纤维层,里面充溢着气体,加上它有坚硬而不易腐烂的外壳,所以它能在水上做长时间旅行。它在海浪的冲击下,如果遇上了海滩,便停留下来,生根发芽,长成大树。

靠流水传播种子的植物还有不少,它们大多生活在水中或水边。像荷花,它的莲蓬会随水而行,到别处安家。莲蓬腐烂,种子会没入水底,着泥而生。还有红树,它的种子随水流动,一旦遇到淤(yū)泥,便会生根发芽,长成新的红树。

植物传播种子的方式很多,靠流水传播只是其中的一种,还有动物传播、风力传播和弹射传播,等等。

紫荆花的故事

1997年7月1日，中华人民共和国正式对香港恢复行使主权。举国欢庆，万众欢腾。

在这一盛大节日里，有一种花特别引人注目，尤为惹人喜爱，那便是绘在香港特别行政区的区旗和区徽中的紫荆(jīng)花。

关于紫荆，在《孝子传》等古书中，记载了这样一个动人的故事。

从前有个人叫田民，他家有兄弟三人。三兄弟自幼互助互爱，感情甚笃(dǔ)，从不争吵。所以三兄弟长大虽然是同室而居，但也是和睦相处。

田家院中有三株紫荆，它们生于同一个根上，长势茂盛，枝繁叶密，为田家大院增添了无限生机。这三株紫荆可谓人见人爱，无不夸赞它们长得好。当然人们因此也联想到这三位人品极好的兄弟，所以人们在欣赏紫荆时也免不了称赞起三兄弟来。

可是有一天，三兄弟之间发生了一件不愉快的事，于是他

们决定分室而居，各过各的。说也奇怪，自三兄弟分家后，那三株紫荆便日渐枯萎(wěi)了。一段时间后，眼看它们就要枯死了，三兄弟看着，心中十分痛惜。

他们也因此联想到自己，顿时醒悟：树木有情，况且我们人呢！于是三人重又聚到一起，彼此互敬互爱，表示今后一定要患难与共，永远相亲相爱不分离。

三兄弟和好后，院中的紫荆竟奇迹般地复苏了，而且长得比先前更茂盛，绿荫如盖，香气袭人。

紫荆的美丽传说一直流传下来，而它也成了团结、繁荣的象征。东晋诗人陆机便有诗云：“三荆欢同株，四鸟悲异林。”

而今，紫荆花成了香港的象征。那紫荆花红旗便象征着香港是祖国永不分离的一部分，它在祖国大家庭中必将更加繁荣昌盛。白色的紫荆花、红色的旗子，象征着“一国两制”，而花蕊(ruǐ)上的五颗星则象征着香港人民永远心向祖国、热爱祖国。

紫荆花，又叫红花羊蹄甲，为苏木科常绿中等乔木，叶片有圆形、宽卵形或肾形，顶端都裂为两半，似羊的蹄甲，因此得名。花期冬春之间，花大如掌，略带芳香，五片花瓣均匀地轮生排列，红色或粉红色，十分美观。紫荆花终年常绿繁茂，颇耐烟尘，特别适于做行道树；树皮含单宁，可用做鞣料和染料；树根、树皮和花朵还可以入药。

西湖里的故事

孤山寺北贾亭西，
水面初平云脚低。
几处早莺争暖树，
谁家新燕啄春泥。
乱花渐欲迷人眼，
浅草才能没马蹄。
最爱湖东行不足，
绿杨阴里白沙堤。

这是白居易的诗《钱塘湖春行》。这首诗以清新、流畅的笔调写出了初春西湖的孤山和白堤一带的美丽景色。

西湖是杭州城西的一处著名的风景区，南、北、西三面环山。孤山挺立湖中，白堤、苏堤纵横湖上，这里的"平湖秋月""苏堤春晓"更是闻名遐(xiá)迩(ěr)。春天一到，岸上桃柳成行，绿草如茵；水中碧波起伏，游船悠荡。古往今来，这里的美景引来无数文人墨客。

可就在多年前，西湖中发生了一件奇怪的事。

这一年，西湖的

水不再是碧波粼(lín)粼了。人们在岸边行走也闻不到花草的香味了，反而有股腥(xīng)臭味随风一阵阵吹来。游人们兴致大减，也无心去欣赏风景了。

这事很快引起了有关方面的重视。大家首先想到的是水质污染，可西湖现在的污染并不比往年严重。那么这是怎么回事呢？

调查人员很快发现了一个奇怪的现象：西湖中的蓝藻在不知不觉间大量繁殖起来，占据了西湖的大部分水面，使许多游船都无法通行。而西湖水质变坏，正是这种蓝藻干的。

蓝藻又叫蓝绿藻，是最原始的植物种类之一。它的分布很广，而且繁殖快。

“罪魁(kuí)祸首”找到了。可人们又感到不解：为什么往年的蓝藻没有大量繁殖，而今年就特别多？

答案很快找到了。原来，不久前，人们为了使西湖更清洁，将西湖疏浚(jùn)了一次，并把湖里的螺蛳统统掏走了。没有了螺蛳，蓝藻没有了“敌人”，它们便尽情繁殖起来。因为螺蛳是吃蓝藻的，所以多年来蓝藻一直显不了威风。

原因找到后，人们又向湖中投放了许多螺蛳。

之后的几年，西湖中的蓝藻越来越少，水质也随之变好。如今的西湖又显现出了往日的美丽面容。

够不到的帽子

小明家的房后是一片葱绿的竹园。园中的竹子长势茂盛，引来许多小鸟在其中跳跃。一条小溪从竹林边潺(chán)潺流过,更增添了不少生机。真可谓鱼跃清水涧,鸟鸣翠竹林。

春天来了,一场春雨过后,竹笋争先恐后地破土而出。一两天内,许多竹笋便有小明高了。小明很高兴,站在那儿欣赏着,随手将帽子摘了下来，挂在一颗竹笋上。过了一会儿,粗心的小明回家去了,可他忘了摘下帽子。

第二天下午，小明才想起帽子来,便到竹林中去取。让他感到奇怪的是，他的帽子已被高高地顶了上去，比他高出了一米多。不论他怎么蹦啊跳啊,就是够不着。

小明的心中直犯嘀咕:放帽子的竹笋,昨天和我一般高,今天怎么会高出这么多?难道是谁将帽子移了位置?

“没有谁动你的帽子，是竹笋将帽子顶上去的。”小明的爸爸乐呵呵地走过来，“要知道，竹笋的生长速度很快，它增长速度最快的一天可以达到1米多，这比一般树木的生长速度快了200倍。不过它的生长期不长，一个月后一般就不再长粗长高了。”

“原来是竹笋在和我开玩笑啊。”小明开心地笑了。

竹子在世界上的分布十分广泛，热带、亚热带、暖温带以及印度洋和太平洋的岛屿(yǔ)上都有。它的生长方式和树木不同，它在出土后的一段时间内集中生长，以后便不再生长，所以它形成不了像树木那样的年轮。

竹子的用处很多，除了竹笋可以食用外，竹子可以制成家庭用具，可用做观赏或固土，可制作工艺品，可用来造纸。竹子还是大熊猫喜食的植物呢。

竹为高大、生长迅速的禾草类植物，茎为木质。分布于热带、亚热带至暖温带地区，东亚、东南亚和印度洋及太平洋岛屿上分布最集中，种类也最多。竹枝杆挺拔，修长，四季青翠，凌霜傲雨，倍受中国人民喜爱，有“梅兰竹菊”四君子之一、“梅松竹”岁寒三友之一等美称。中国古今文人墨客嗜竹咏竹者众多。

天空下黄雨

1976年的八九月间，江苏省的北部好几个市县发生了一起怪事：天上下起了黄色的雨。从多云或少云的天空中落下一串串黄色的细长的雨，它们像糨(jiàng)糊一般落在树上、房子上、地上……人们惊讶极了，纷纷跑出来观看这一辈子也没见过的奇事。大家一边看，一边议论开了：

“天上怎么会下起了黄雨？”

“会不会是什么不祥之兆？”

“是不是要地震了？”

人们联想到了不久前——7月28日发生在河北唐山的那次大地震。那次地震夺去了数十万人的生命。人们至今还没有走出恐怖(bù)的阴影，凡是奇事怪事都会联想到地震。

事情越说越奇，越传越玄(xuán)乎，许多人的心中都有一种不祥之感，终日惶(huáng)惶不安。

这事也同样惊动了科研工作者。南京地质大队派人进行调查、研究，南京大学地质系也进行了采样、分析。后来科研工作者得出了一个令所有人都感到不可思议的结论：“黄雨”并不神秘，更不是什么地震的预兆，它只是蜜蜂的粪便而已。

这一结论在不少人看来不过是奇谈怪论，但事实毕竟是事实。经科研人员分析，“黄雨”是蜜蜂采集的花粉没有消化的部分排到空中而形成的。

当时正值榆(yú)科、禾本科和菊科等一些植物开花的时节，蜜蜂采集了这些植物的花粉后，一部分消化了，一部分因细胞壁坚硬等原因而没有被消化掉，随粪便排出，从空中落到地面而形成“黄雨”。

科研人员的鉴定结果正是这样。“黄雨”的主要成分便是榆科花粉、禾本科花粉、菊科花粉，它们分别占83%、11.8%、3%。此外，还有其他一些成分，如部分水生植物的花粉。“黄雨”中的花粉都是蜜蜂所喜爱的，而且这些花都是在这时开放的。

“黄雨”现象终于被揭示出来，人们心中的疑团也解开了。

车轮里的幼苗

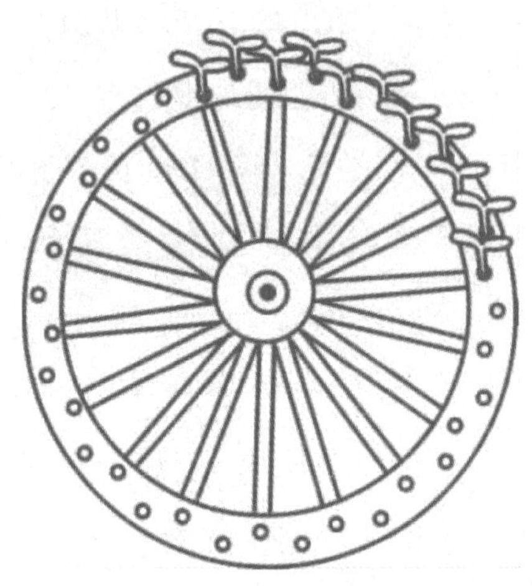

植物的根总是向下生长，而植物的茎总是向上生长，这是人人皆知的事实。但你知道这是什么原因造成的吗？

为了找出这其中的原因，人们做过许多实验。

有人曾经做过这样的实验，想看看植物是不是总是使根向下生长，使茎向上生长。实验者将一颗幼芽压弯，看它是怎样生长的，结果发现，这个小幼芽冲破阻力，仍不屈不挠地向上生长着。然后实验者又将幼芽横着放，结果幼芽的根依然向下生长，而茎则挺立向上。如果将幼芽倒过来放，会如何呢？实验结果发现，幼芽不畏艰难困苦，坚定地弯着身子，根和茎又转了个方向，根向下、茎向上是它永远的追求。

为了探明个中原因，科学家们做过许多实验。

19世纪初，有个名叫纳依托的科学家做了这样一个有趣的实验。

他选择了一个车轮子。这个车轮的外周有许多小孔，那是用于固定螺(luó)丝的。这些小孔恰好可以放入一些小幼苗，既

可以固定幼苗，又不影响幼苗的短暂生长。

他做好了准备工作后，便让车轮转动起来。那些小幼苗便在运动中生长着，当然“身体”是处于“失重”状态的。一段时间过后，纳依托发现了一个有趣的现象：那些小幼苗的根无一例外地都朝着向心力的方向生长，而茎则都背离向心力的方向而生长。

纳依脱的实验向人们揭示出这样的规律：植物的生长也受着地球引力的影响。根的生长方向总是与引力方向保持一致，而茎则是“背道而驰”的。

而这又是什么原因造成的呢？许多人认为是植物的生长素在起作用。生长素由于受地球引力的影响，总是向下流动。植物的根和茎中都有生长素。生长素的多少又影响生长速度，生长素多的部分反而生长慢，少的部分生长快。因此，在根部，上部生长快，下部生长慢。根尖在上部生长的推进作用下，而向土壤中“深入发展”。茎部恰好相反，所以向上生长。

植物生长素是可以调节植物生长，尤其能刺激茎内细胞纵向生长并抑制根内细胞纵向生长的一类激素。它可影响茎的向光性和背地性生长。在细胞分裂和分化、果实发育、插条时根的形成和落叶过程中也发挥了作用。最重要的天然存在的植物生长素为β-吲哚乙酸。

巴克斯特的实验

巴克斯特是谁？他是美国有名的情报专家，同时对测谎仪的兴趣甚浓，研究很透。但他出名还不在于此，而在于他对植物的有趣而有价值的实验。

巴克斯特对植物有着极大的兴趣。1966年2月，他刚摆弄好他的测谎仪，便来到院子里给他种养的花草浇水。也许是职业习惯，他想：能否给植物也来测一测它们的反应呢？这种奇怪的念头驱使他将测谎仪搬了出来。

他选择了一棵叫龙血树的植物，将测谎仪的电极绑(bǎng)到了一片树叶上。他想：这样至少可以测试一下水分从龙血树的根部上升到叶片的速度。因为树吸收了水分，其中可以自由移动的一些带电离子要多不少，电阻会变小，而电流相应变大。

可结果却让他大吃一惊。他给龙血树浇水后，仪器上的曲线图竟然同人在激动时显示的曲线图相似。这说明植物吸收了水分后“心中”感到

十分舒服，很兴奋。

难道植物也有感情吗？巴克斯特不禁在心中暗问。这一疑问也促使巴克斯特进一步研究下去。

巴克斯特经过认真研究，又制造了一台测量仪器。如果植物有某种“心理活动”，它的指针便会摆动，而且记录纸上能记录下曲线变化态势。

巴克斯特又由自己的职业设想开来，他首先想到的是“威胁”这一办法。第一步，他试着将植物的一片叶子浸入到滚烫(tàng)的咖啡中。此时，测量仪的指针立即摆动起来，记录纸上便有了不同的曲线出来。不过波动还不算过分剧烈。

巴克斯特于是又想了一个更厉害的办法——烧植物的叶子。奇怪的是，当他脑子里闪过这一念头，手中的火柴还没有擦燃时，测量仪的指针就剧烈地摆动起来，记录纸显示的曲线波动十分厉害。显然，植物此时已有了一种严重的恐惧心理。可令人不解的是，为什么人一有这种想法，植物便会知晓呢？

巴克斯特擦燃火柴，几次试着去烧它，但都没有真正去烧。开始测量仪的曲线波动很大，可渐渐地越来越趋缓。难道此时植物也知道这只不过是一种威胁，而不会真正去伤害它吗？

这事一直困扰着巴克斯特，也促使他去进一步研究。

不久他又做了这样一个实验：在植物旁边放了一盆开水，将活虾子扔进开水里，让植物“看”，看它有什么反应。结果从记录纸上可以看到，每次将活虾扔进开水中，植物都感到十分害怕。

巴克斯特为求得实验的精确性,他决定排除外界的一切干扰因素。他在完全没有外部因素干扰的三个房间里都放置了开水、记录仪器和自动投置活虾的装置,结果得出了相同的结论。

巴克斯特不定期做了这样一个有趣的实验:在植物边上放了一个蜘蛛,当蜘蛛向植物爬过来时,植物立即恐慌起来;蜘蛛远离它时,它又恢复了常态。

巴克斯特为了研究植物是否普遍都有这种反应,他和同事们对好几十种植物进行了测试,而结果都是相近的。

巴克斯特曾公开进行多种实验,他的研究引起了许多人的关注。当然有人支持,也有人反对。但更多的人是持怀疑或否定态度的。例如美国的一位叫麦克·弗格的化学博士则认为,巴克斯特的实验纯粹是无稽(jī)之谈。于是他要通过自己的实验反驳(bó)巴克斯特。

麦克同样用仪器来测试植物的反应。他撕去一片树叶时,树立即产生强烈反应;甚至当麦克心里想到要破坏它时,它也会作出反应。这使麦克大为惊异,他也因此不得不改变自己的想法,认为巴克斯特的实验是对的。他甚至还认为,植物也可以按“性格”进行分类。

后来还有人将植物和人进行对比实验,看看植物和人的其他情绪反应是否一致。结果,植物和人一样,也有“高兴”和“不高兴”的感受。

这些实验能说明植物也有知觉吗?说明植物也有感情吗?仍需要科学家们进一步去探讨、研究。

钟罩里的老鼠

植物能进行光合作用，这是现在人所共知的事情。植物体内含有叶绿素，在太阳光的作用下，它能将水和二氧化碳制成有机营养物，同时还释放出氧气。

简单的一个小实验便能证明这一点。

如果在一个密封的玻璃缸中，装入一些水，里面养上一只虾和一株水生植物，将玻璃缸放于阳光下，那么虾依然活得很自在，水生植物也会长得很好。因为在阳光的作用下，水生植物能释放氧气，供虾呼吸；虾呼出的二氧化碳又会被水生植物利用，水生植物在阳光的作用下，会将二氧化碳和水制成有机物，并释放氧气。虾和水生植物共依共存。

但人们发现植物能进行光合作用却经历了漫长的过程。植物能释放氧气，直到200多年前才被发现。那是18世纪中叶，英国科学家普利斯特利发现的。

他是利用这样的实验找到这个秘密的。

他找来两只活蹦乱跳的小老

鼠，分别放进两个大钟罩(zhào)里。为了做到绝对与外界隔离，他又用水将它们隔离。两只钟罩里所不同的是：在一只钟罩内放上了一盆植物，而另一只钟罩里则什么也不放。

没有放植物的钟罩内的老鼠，进去不久便乱窜乱跳，不一会儿就死去了。显然，它是被活活闷死的。因为里面的氧气被用完后，无法补充，老鼠窒(zhì)息而死。

而放了植物的钟罩内的老鼠则不同，它过得很不错。尽管没有吃的，缺少伙伴，显得孤单，但丝毫看不出它有缺氧的感觉。

普利斯特利终于得出了这样的结论：绿色植物可以释放氧气。这一发现对于人们研究植物的光合作用显然是有积极意义的。

两只老鼠，两种不同的结局，而在其中起作用的就是植物。多有意义而又有趣的实验！

光合作用，即光能合成作用，是植物、藻类和某些细菌在可见光的照射下，经过光反应和碳反应，利用光合色素将二氧化碳(或硫化氢)和水转化为有机物，并释放出氧气(或氢气)的生化过程。光合作用是一系列复杂的代谢反应的总和，是生物界赖以生存的基础，也是地球碳氧循环的重要媒介。

海尔蒙特的实验

我们大家现在都知道,植物的生长离不开空气、水分和阳光。但在很久以前,人们对此并不了解。起初,人们只是以为植物总是依赖土壤而生长,它们吸收的是"土壤汁"。

人们对事物的认识总是一步步深入的,由浅入深,由少到多。

海尔蒙特就曾做了一个有趣且十分有价值的实验,他的实验终于打破了旧有观念,使人们对植物的认识又上了一个新台阶。

海尔蒙特是比利时的科学家。17世纪中期,他先后花了5年

时间做了这样一个实验。

为了证明植物生长是否单纯依靠吸收“土壤汁”这一问题，他找来了一棵柳树苗。他把柳树苗清洗得很干净，可以说是一尘不染，最后他称了一下，重2.2千克。然后他又准备了一个木桶，称了一些土壤放了进去。他将木桶制作得很精致，特别是桶盖，他做得特别考究，为的是不让外界的灰尘进入桶内。

一切做好后，便开始精心培育这棵树苗了。他每天都来看看这棵小苗，并给它浇水。浇灌的水也是有选择的，只浇纯净的雨水，决不浇有污(wū)染的水。

这样，一过便是5年。这5年中，海尔蒙特为这棵柳树苗真是费心不少。

这一天，他终于迎来了可以得出实验结果的日子，海尔蒙特心中很高兴，因为他确信他将从这项实验中发现一些新东西。于是，他十分认真地将柳树和土壤进行了分离，并分别将柳树和土壤称重。

可结果却令他吃惊：柳树的重量增加了70多千克，而土壤的重量只减少60多克。

那么这之间的差是怎么来的呢？海尔蒙特认为，那便是来自水分，“土壤汁”并不是植物生长的唯一来源。

海尔蒙特的发现可以说是极有价值的。虽然他当时还没有认识到空气和阳光对植物生长的意义，但他的实验毕竟使人们的认识更深入了一步。此后，人们便不断探索，形成许多新的见解。

揭开绿叶的秘密

现在，一提起光合作用我们都知道，它是绿色植物吸收光能，将水、二氧化碳和矿物质转变成富含能量的有机化合物的过程，同时释放出氧气。光能被转变为化学能储藏于有机物中，特别是碳水化合物中。这种有机化合物不仅为生物提供能量，也是生物用以建造自身躯(qū)体的原料。

古希腊的学者亚里士多德说过："植物在土中生长，也理所当然靠土长大。"后来的人们对这一结论深信不疑。

可到了1629年，一个叫海尔蒙特的比利时学者却不以为然，他通过自己的实验证明，植物是靠喝水长大的。他的实验和结论曾轰动一时，也引起了人们深入探索的兴趣。

1771年，英国化学家普利斯特利做了这样一个有趣的实验。

在两只密封的玻璃罩(zhào)里同时放进一只点燃的蜡烛和一只白鼠，所不同的是，其中一只罩子里多放了一截(jié)薄荷枝。结果却很奇怪，当蜡烛熄灭后，一只白鼠死了，一只却活着，而活着的恰好是放了薄荷枝的罩子里的白鼠。

这个实验是在太阳光下做的。可当天晚上再做同样的实验时，他感到更奇怪了：两只白鼠都死去了。显然，阳光在植物生长中起了作用。

普利斯特利得出这样的结论：物体燃烧会使空气变差，而植物在阳光的作用下会使差空气变好。

1779年，一个名叫英根·豪斯的荷兰学者进一步证实，植物要将差空气变好，只有在阳光的照射下才行。

1782年，瑞士学者谢莱比通过许多实验发现，在阳光下，植

物能吸收燃烧后的差空气，放出好空气。而这种好空气既能帮助燃烧，又能使动物们活下去。

1804年，瑞士化学家列出了这样一个公式：

$$\text{空气}+\text{水}\xrightarrow[\text{绿色植物}]{\text{光}}\text{维持生命的空气}+\text{植物性营养}$$

这是第一次用数学语言表达植物的光合作用。

1862年，法国学者沙克斯做了这样一个实验。他在早上、傍晚和夜间三个不同时间里，从同一片树叶上取下三个小孔叶片，结果发现，三个小孔叶片中，傍晚取下的最重，早上取下的次之，夜间取下的最轻。

为了进一步找到绿叶与阳光的关系，沙克斯又做了一个实验。他在一张不透光的纸上挖空了一部分，盖在一片叶子上，放到阳光下。这样挖空的地方能晒到阳光，其他地方则晒不到。然后他又将叶子用酒精煮了煮，滴上碘(diǎn)，结果发现，晒到了阳光的挖空部分叶子深蓝，而别处颜色则浅淡。这进一步说明了绿叶只有在阳光下才能制造养料。

最早弄清叶绿素化学组成成分的是德国化学家威尔斯塔特，他于1915年获得了诺贝尔化学奖。他发现叶绿素由碳、氢、氧、氮四种非金属元素和金属元素镁(měi)组成。

威尔斯塔特还和化学家费雷一起弄清了叶绿素的构造。

人们揭开绿叶的秘密是多么不易，而且这其中还有许多秘密有待深入探索呢。

三位学者描述同一个故事

《物种起源》是伟大的生物学家达尔文最杰出的著作。在这部伟大的作品中有个著名的故事，那便是关于“猫与三叶草”的故事。

三叶草是一种优良牧草。照理说应该是三叶草长势茂盛，养牛业就会发达，牛肉也会便宜。可达尔文却说，如果猫一多，英国的牛肉就会便宜。

你也许觉得这是个奇怪的结论，但是看了达尔文的解释你就会明白了。三叶草是一种豆科植物，它有个特征，即花管较长，一般的蜜蜂无法采集它的花蜜，只有一种长嘴蜂才能采到

它的花蜜,从而为它传粉。因此,三叶草要想有好的长势,必须要有较多的长嘴蜂帮忙。可偏偏有种田鼠爱吃长嘴蜂的幼虫和蛹(yǒng),因而只要田鼠多了,长嘴蜂的繁殖就受到了影响。要想减少田鼠的数量,只有多养猫。猫便这样与牛肉的价格联系起来了。

可故事并没有结束,还有更有趣的呢!一位德国学者打趣地说:"如果这样推论,猫与英国海军还有关系呢。因为猫多了,田鼠就少了;田鼠少了,长嘴蜂就多了;长嘴蜂多了,三叶草茂盛了;三叶草长势好,牛便长得壮;牛的数量多,牛肉也充足;牛肉罐(guàn)头是英国海军的重要食品。这么一来是猫养活了强大的英国海军。"

杰出的生物学家赫(hè)胥(xū)黎又作了这样的补充,认为英国的强大得益于那些终日无所事事的人数庞大的老妇人。因为英国的强大主要靠海军;而养猫的主要是老妇人,她们感到无比寂寞,常以猫为伴来消磨时光。

猫与三叶草的故事竟有如此丰富的内容!这其中虽然有开玩笑的成分,但不无科学道理。

自然界的生物之间就是这样巧妙地联系到了一起。只有认识了这种联系,才能更好地服务人类。

新西兰最初引种三叶草时便是这样。三叶草刚被引种到新西兰并不结子,不繁殖。人们很奇怪,后来才明白,当地没有长嘴的蜜蜂可以为它们传粉,于是又引进了长嘴蜂。三叶草从此不仅在那里"安家落户"了,而且"子孙繁荣"。

误传的“吃人树”

1 马达加斯加岛上的捷柏树

“有这么一种树，它会吃人！”这是一个名叫卡尔·利奇的德国人说的。

当你听到这句话时，你一定会吃惊得瞪大眼睛，并摇头说：“这不可能，绝对不可能！说植物吃小虫子倒还可信，说它们会吃人，那一定是在编造恐怖故事。”

是的，植物没有嘴巴，没有人的智慧，它能吃掉万物之灵的人吗？这事说给谁听也不相信。

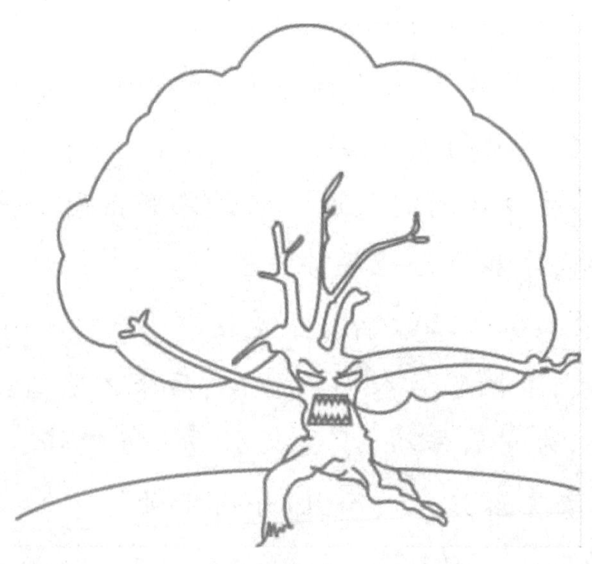

可就有这么一个离奇的故事，在19世纪80年代却被传得沸沸扬扬，而且很多人都信以为真。

1881年，马达加斯加的一家报纸登出了这样一篇文章，文章就是这个叫卡尔·利奇的人写的。他在文章中说，有一次，他进入马达加斯加岛上一个偏僻(pì)的森林里，在那儿，他看到了一种可怕的树，见到了一件可怕的事。

一天，他闯入了一个叫姆科多的原始部落，姆科多人将他带进他们部落前的一块开阔地上，要让他看一看他们是怎样惩罚违背部落戒规者的。开阔地上围着许多人，部落中的男男女女差不多都来了，他们围成一个大圈，一边唱，一边跳，个个显得异常兴奋，像是庆祝什么重大节日似的。人群中间站着一个赤身裸(luǒ)体的妇女，她披头散发，惶(huáng)恐不安地大声尖叫。显然，这个妇女便是那个违背戒规者了，部落中的人将对她进行严厉的惩罚。

果然，不一会儿，几个青年壮汉走了过来，他们个个手持长矛，双目圆瞪，围成半圆，从那个妇女的左右前三面一步一步地逼了过来。那个妇女一边惊叫，一边哆哆嗦嗦地向后退。

此时围观的人群更加激动，有节奏的叫声愈来愈高，舞步愈来愈快，大家都将目光投向那个可怜的妇女，可从他们的表情上看不出一丝的怜悯(mǐn)。那个妇女不断后退，终于退到了一棵大树下。

这是一棵奇特的树，树干是黑褐色的，上面布满了尖刺，像刺猬一样，叫人无法接近。树上的叶子不多，但大得出奇。利奇数了一下，共有8片叶子，每片长约4米。叶子绿中带红，上面也有许多小刺钩。它不像别的树的叶子蓬勃向上生长，而是向下垂挂着，没有什么生机，倒是给人感觉它像毒蛇般阴险。树高约3米，从上到下不时地流着一种可怕的紫红色液体，给人一种莫名的恐怖(bù)感。

这时，那名妇女在几把长矛的逼迫下，不得不向那树上爬去。尖刺刺得她鲜血直淋，但她还是爬了上去。

树下人们开始欢呼起来，而那棵树也像被人们叫醒了似的，叶子缓缓地向上翘起。不一会儿，其中的一片叶子便包住了那个妇女的头。青年妇女扭动着身躯，但发不出声音。很快，其他几片叶子都合拢过来，将青年妇女包了个严严实实。那些树叶愈包愈紧，紧接着人们便看到紫红色的液体流了下来，那显然是青年妇女的血液和树的汁液的混合物。

姆科多人兴奋到了极点，尖叫声在森林中回荡，犹如那青年妇女不散的幽(yōu)灵。他们狂舞了一阵后，争先恐后地奔到那棵树下，抢着喝树上滴下的液体。他们对这种液体的喜爱，正如酒鬼迷上了浓香的酒。

一番折腾之后，他们又开始了狂舞，直到东方欲晓。

利奇说，他看了这可怕的一幕，好多天都处在噩(è)梦之中。

后来他得知，这种当地人叫它“捷(jié)柏”的树，是这个部落人最崇拜的树，他们把它当做神树。因此，当有人严重违背部落规矩时，便将他交给“神树”来处理。

约摸过了10天，利奇又来到这里，他看到的是令人毛骨悚

(sǒng)然的情形：捷柏树的叶子又缓缓张开，然后耷拉下来，从树上掉下许多白骨，那便是不久前被“神树”处死的青年女子的骨头。

利奇把这个故事讲得有声有色，似乎真的是他亲身经历的，以至于许多人都信以为真，但不相信的仍大有人在。他们认为，利奇只不过是在编造一个让人震惊的故事，想引起一种轰动效应而已，世界上不可能有什么吃人的树。可植物学家们对此抱着审慎的态度。

此后便真的有人去了马达加斯加岛，但大家的说法却不一致：有的说，岛上根本不存在什么吃人的植物，那些故事和传说都是人为捏造的；有的说，岛上确实存在吃人的植物，甚至他们还拿出像模像样的照片来。

这样一来人们真的不知道该相信谁的了。这事也愈来愈引起科学家们的重视。1971年，马达加斯加岛上来了一支科学考察队。这支考察队不是一两个人组成的，而是一批学者，他们来自南美好几个国家，所以他们的言论应该是可信的。队员们考察了利奇等人所说的地方，可他们根本没有发现什么吃人的植物，倒是发现了一种带刺的树。这种树长得有些像荨(qián)麻，只不过比荨麻要高大一些。这种树的叶子也没有人们想象的那么大，更不是像人们传说的那样会张开，又会包起来，当然也不会将人吃掉。

那么为什么人们会谣传它能吃人呢？原来这种树的叶子上有一种带有毒素的刺，如果刺到人的身上，会使人疼痛难忍，十分不舒服；如果刺到了小孩子，弄不好会使孩子发生生命危险。为了不让孩子去碰这种树，大人们便编出这种树会吃人的故事，用来吓唬孩子。想必那耸(sǒng)人听闻的故事便是这样传出来的。

考察期间，队员们还发现一些开花的树也很危险。这些树上的花弄到了人的身上，会使人过敏，严重时会对人的生命构成威胁。当地不少人对这些树十分畏惧，甚至连它们的名字也不敢提。但不管怎么说，会将人吃掉的树是不存在的。

2　电影中的“吃人树”

一对青年男女在一群歹徒的追杀下，逃进了一座原始森林。在这里，他们巧妙地避开了歹徒，躲过了毒蛇和猛兽的袭击，却没想到又碰上了“植物杀手”。他们在艰难跋(bá)涉时，女青年一不小心抓到了一棵树的枝条，由于没有及时避开，那棵树的枝条像无数个手臂，很快合拢过来，将女青年死死地抱住不放。

女青年疼痛难忍，大声呼救。男青年一时不知所措，不知道发生了什么事。当他看到正在扭动的枝条和女青年流下的鲜血时，他才明白过来，原来这棵树正在残杀自己的伴侣！

他一时竟急得团团转，猛然间想起自己身上的砍刀来，他立即从身上抽出砍刀，向那些枝条奋力砍去。他费了好一会儿，才将那些枝条砍断，将女青年救了出来。

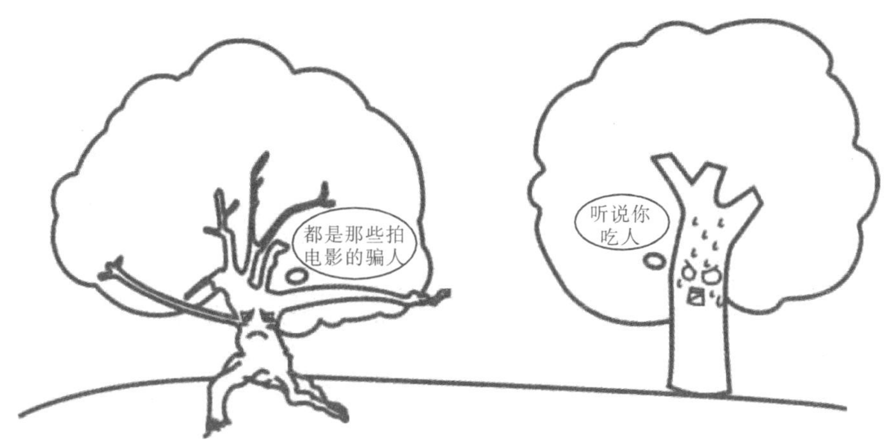

他们惊恐万状，拼命奔跑。跑了好一阵子，他们才停了下来，躺在地上，大口大口地喘(chuǎn)着气。

看了这个故事，你一定要问："这是真的吗？"当然不是真的，这是一部电影中的一个恐怖镜头。它无非是在讲述一个可怕的故事以吸引人，你当然不能相信它。

不过奇怪的是，许多人却对这样的事深信不疑。在报纸上或杂志上，你一定看到过不少类似的故事。有的故事还会绘声绘色地讲述着这些植物是什么样儿，长在哪儿，它们是如何将人吃掉的。

有人说，那些树长在亚马逊河流域的原始森林中；有人说，它们长在印度尼西亚的爪哇岛上的大森林里。总之，这种树不是一般人能见到的，它们说不定是一种原始植物。

还有人曾十分详细地描述了这种植物的样子：它长在一片密林之中，样子和柳树差不多。无数个枝条从树上挂下来，有的拖到了地面，有的还悬在半空中。看起来它们并无什么生气，也

看不出有什么危险。可它就是在这不动声色之中暗藏杀机。如果人或动物一不小心碰上了它，那一定难逃厄(è)运。枝条会很快缠(chán)绕过来，将人或动物死死抱住，并分泌出一种可怕的黏液，将其溶化掉，吸干他身上的营养，从而将人“吃”掉。

这样的故事人们听了一定会感到不寒而栗(lì)，这是多么可怕的事！

大家也许还记得，中国曾有一部带有纪实性质的电视片，叫做《熊猫历险记》，当中有这样一个情节：小熊猫平平在森林中行走时，一不小心，被一种树的叶子给夹住了。这种树的叶子像蚌壳一样，夹住平平死活不放。片中还有这样的镜头：主人公翁小凤来到一处长有藤本植物的地方，被这些植物的枝条紧紧追赶着，情形十分危险。这些情节被插在一些真实的镜头中，因而给人一种真实感。还真有人相信这是真实的事。可事实上，这只是一个虚构的情节，目的是想吸引更多的观众。

南美洲的科学家们在马达加斯加岛上没有找到什么吃人的植物，在爪哇岛上同样没有发现吃人的植物。华莱士是英国一位有名的植物学家，同时还是个探险家，他曾到过印度尼西亚的许多岛上，其中包括人们盛传有吃人植物的爪哇岛。他写了一本名叫《马来群岛游记》的书，他在书中根本没有说到有什么吃人的树。

吃人树的说法显然是缺乏科学根据的。如果不是在编造恐怖故事，那至少是一种误传，即将一些会吃小虫子的植物夸大说成是可以吃人的植物。

冬虫夏草

每年的立夏前后，中国的四川、云南、贵州以及西藏、青海、甘肃等地，便有人爬到4000米以上的高山上，他们在低头仔细地寻找着什么，见到一个紫红色的小棒，便将它拔起，放进袋中。

这小棒是什么呢？它便是冬虫夏草，又叫虫草。

提起虫草，熟悉中医的人都知道，它可是一种名贵的中药。

1723年，一个名叫巴拉南的法国人来到了中国，开始了采集植物标本的活动。一个偶然的机会，他发现了冬虫夏草，不禁兴奋异常，将它带回了法国巴黎。他认为，这是一种既是虫又是草的“双性植物”，简直太奇妙了。

若干年过后，又有一个叫利维的英国人发现了虫草，他和那个法国人一样，为自己的发现而激动不已。他将它带回了英国，小心地保护着。

1842年，菌学家伯克利决定对虫草进行认真研究，最后终于揭开了虫草的真面目：它最初是种虫，可后期已是草了，并不是一身兼二性的。

那么虫草是怎么由虫而演变成草的呢？

在中国的青藏(zàng)高原一带，有一种小虫子，叫做蝙蝠蛾幼虫，生活在土壤里。盛夏季节，气温升高，有一种虫草菌便黏附到幼虫的身上，并逐步钻进幼虫体内，吸收虫体内的营养发育成菌丝，菌丝逐渐占领了整个虫体，最后虫体被吃空，留下一个里面挤满菌丝的虫壳。

到了秋天，气温不断下降，菌丝生长也慢下来了。

直到第二年春天后，气温渐渐回升，菌丝开始活跃起来，逐渐长出一个子实体(小圆棒)穿破虫壳，露出土表。子实体顶端有分支，上面结满了许多孢(bāo)子(虫草菌的种子)，所以看起来像棵草。而冬天，子实体未长出来，仍保留虫体的外形，像条虫。因此，人们把这种东西叫做冬虫夏草。

子实体上的孢子很小很轻，可随风飘扬。若飘落在蝙蝠蛾幼虫身上，就会发芽钻入虫体，吸收虫体内的营养，第二年发育成新的虫草。

冬虫夏草是名贵的中药，可用做肺结核的辅助治疗等。

冬天是虫，夏天是草，冬虫夏草是个宝。冬虫夏草简称虫草，由冬季真菌寄生于虫草蛾幼虫体内，到了夏季发育而成。冬虫夏草因此得名。冬虫夏草是麦角菌科真菌冬虫夏草寄生在蝙蝠蛾科昆虫幼虫上的子座及幼虫尸体的复合体，是一种传统的名贵滋补中药材，有调节免疫系统功能、抗肿瘤、抗疲劳等多种功效。

救了总督夫人的金鸡纳树

在中国的台湾省、云南省和海南省等地，生长着一种名叫金鸡纳树的常绿小乔木。它的花较小，通常为乳白色或玫瑰色。它的树皮常被人采撷(xié)，用来提取奎(kuí)宁和奎尼丁，以制成抗疟(nüè)疾的药。

金鸡纳树原产于南美安第斯山脉。在秘鲁，人们对金鸡纳树有着一种特殊的感情，在该国的国旗上，我们也能找到它的身影。

1638年，不少人在为患上了疟疾病的一位病人而着急，因为这个人不是一个普通的人，而是当时西班牙驻秘鲁的总督(dū)的夫人。由于她地位显赫(hè)，加之疟疾在当时是一种特别让人害怕和恐惧

的病——它每年都要夺去许多人的生命，所以人们为这位贵夫人而焦愁。

总督及其他官员为她找来许多名医，那些医生也给她服了各种各样的药，可都没什么效果。她的病一天比一天重，眼看着生命垂危了。

就在这天，夫人的一位侍从来到总督面前，说她想献上一计，或许能救治夫人。总督一听，愁眉舒展，让她立即说出来。侍从说："这里乡村的印第安人平常总爱嚼(jiáo)着金鸡纳树的皮，他们中不论大人、小孩，从不患疟疾。我想这二者会不会有必然的联系呢？"

"你的意思是……"

"总督大人，金鸡纳树的皮可能会治愈疟疾。"没等总督说完，那侍从便接着说，"我曾听一位长者在谈到金鸡纳树时，也这么说过。"

总督还有些将信将疑，可事到如今，也没什么办法了，他点头说："可以试一试。"

侍从立即命人取来金鸡纳树皮，将树皮熬(áo)成了药汤，让总督夫人喝了下去。没想到这个办法真灵，她的病没过几天便治愈了。

人们奔走相告。金鸡纳树的名声也从此大振。

今天，金鸡纳树更得到了人们的重视。人们已能从金鸡纳树皮中提取出奎宁和奎尼丁的结晶体，这两种物质都是疟疾的克星。

“木公”与“木母”

从前有个书生进京赶考，路宿一户农家。老农问这个书生：“你既然要进京赶考，想来定有不少学问。不能说学富五车，也一定是通晓天文地理。今天老夫想考你一道题，看你能不能答出来。我问你，公树是什么树？母树又是什么树？”

书生听了这个问题，一时被弄得丈二和尚——摸不着脑袋。这世上难道有公树和母树不成？他一时猜不出来，连忙羞愧地说：“晚辈只知读书，见识有限，不知树木还有公母之分。请前辈指点。”

老农笑了笑，说：“所谓公树，木公也。木字旁加个‘公’，岂

不是'松'字嘛;母树,木母也,木字旁加一个'母',岂不是'梅'嘛。所以说松树为公树,梅为母树。"

书生听了老农的解释不禁哈哈大笑。

这虽然只是个逗(dòu)人笑的故事,但植物界确能分出"公"与"母"来。

所谓"公母",对植物而言也即雌(cí)雄性别的区分。自然界中的大多数植物都是雌雄同体的,即一株植物体中既有雄性器官,又有雌性器官。也有的植物体中分别长出雄花和雌花,但也还是两种性别的花长在同一株植物体上的。

但分开来长,即雌、雄异株的现象有没有呢?当然是有的,虽然是少数,但在自然界中确实存在。比如铁树,如果是雄性的,那它只有雄蕊(ruǐ);如果是雌性的,那它只有雌蕊,当然也能结果了。

这其中最有代表性的要数银杏树。

银杏的历史可追溯(sù)至古生代二叠(dié)纪,原产于中国,是至今存活下来的最古老的高等植物,所以被人称为"活化石"。

银杏是雌雄异株的。雄性的生殖细胞能游动,这一特征与蕨(jué)类和苏铁类植物相同。雌花的胚(pēi)珠成对生长。银杏靠风传粉,是风媒植物。银杏的雄树开雄花,花内为雄蕊;雌树开雌花,长雌蕊,能结果。

雌雄异株的植物还有很多,例如菠菜、黄麻、中华猕(mí)猴桃等。

何首乌的传说

“何首乌，白者入气分，赤者入血分。此物气温味苦涩。苦补肾，温补肝，能收敛(liǎn)精气，养血益肝，固精益肾，健筋骨，乌须发，为滋补良药。”这是中国明代医药学家李时珍在《本草纲目》中记叙何首乌时写的一段话。由此我们也可看出何首乌的作用了。

何首乌作为一种中草药，还有一个美丽的传说。

相传在中国唐代，有一位姓何的农民，因为不堪忍受地主的残酷剥削，在忍无可忍的情况下，杀死了一个恶霸(bà)地主。官府得知此事，便派出兵丁前来抓他。这个贫苦的老农被逼得走投无路，只得躲在深山老林中。兵丁们四处搜寻，终究没有抓到他。

这位何老汉独自一人在林中躲藏，以树为房，以地为床。在林子里找不到可吃的东西，饿得他眼冒金花。饥肠辘(lù)辘的他

不得不四处找吃的。突然,他发现地上有一种植物,便立即挖起来,终于挖出了一个像芋头一样的东西来。他想,这东西一定能吃。他连洗也没洗,便咬了起来。

这东西虽然有些苦涩味,但毕竟能够充饥。这以后的许多天,他时常挖这东西来充饥。

日子一天天过去,不知不觉间,何老汉已在林中隐蔽(bì)了好几年。他估计外面的风声小了,兵丁们不会来抓他了,他便走出了林子,回到了家中。

村子里的人见到了何老汉,都认不出他来了,一个个大为惊讶。因为他躲进林子中时,已是满头白发,而今几年过去了,风餐露宿,受尽苦难,人不但没有变得苍老,反而变得年轻了。尤其是他的头发,一根白发也找不到,满头乌发黑得发亮。人们纷纷跑来问他吃了什么,老汉便将自己在林中的经历一五一十地说了出来。

这事很快便被传得沸沸扬扬,远近的人们都知道了。

也许老人已习惯于吃他在林中常吃的东西,他此后依然常到林中去采集。老人的身体一直十分健康,极少生病。据说,他一直活到了130多岁。

由于老人吃了这种植物而使头发由白变乌,又因为老人姓何,后来人们便将它命名为“何首乌”。

这虽然只是一种传说,但何首乌的药用价值是不可否定的。它是一种常被人们食用的滋补良药,尽管它并没有像传说中的那么神奇。

向日葵的传说

向日葵，顾名思义，它的花序永远向着太阳。

向日葵分布广泛，大家对它都不陌生。可你是否知道向日葵始终“追随”太阳的原因？

原来在向日葵体内有种特别的生长素。这种生长素之所以特别，就在于它怕见阳光。受到正面阳光的照射，这种生长素便被破坏；而没有受到照射的生长素依然活跃。这样，向日葵花序轴(zhóu)向阳的一侧细胞伸长较多，另一侧伸长较少，从而产生了向光的特性。

关于向日葵，古希腊神话中还有个动人的传说呢。

很久很久以前，天空中有个叫阿波罗的神，他是个太阳神。他不但本领超群，而且英俊潇(xiāo)洒，很有风度，让许多人为之倾倒，这其中就包括有个叫马达佩斯的女孩。

马达佩斯对豪华舒适的生

活羡(xiàn)慕(mù)不已，然而她却不愿以艰苦努力去求得，而是终日做着各种各样的美梦。她长得并不漂亮，又不学无术，所以她只能生活在自己编织的美梦中。

她对太阳神阿波罗更是怀有痴心，时常梦想着有朝一日能成为阿波罗的妻子。她的母亲在召唤她，她也听不见。她什么也不做，只是目不转睛地终日看着阿波罗。

一天，阿波罗终于发现了她。他或许也有了一些怜悯(mǐn)之心，便将她变成了一棵向日葵，让她朝朝暮暮向着太阳，永远追随着太阳。

这只不过是个传说。其实向日葵是菊科向日葵属植物，原产于美洲。它的作用还不小呢。种子可以食用或榨油，榨出的油能做润滑剂和用于制造肥皂、油漆等；种子烘烤干后可以吃，还能碾(niǎn)碎用于制面包和类似咖啡的饮料；茎秆可作为燃料或制麻。

向日葵为一年生草本植物，高 1~3 米。茎直立，粗壮，圆形多棱角，被白色粗硬毛。俗称葵花子。性喜温暖，耐旱。原产于北美洲，世界各地均有栽培。向日葵四季皆可种植，主要以夏、冬两季为主。向日葵除了外形酷似太阳以外，花朵明亮大方，适合观赏摆饰，种子更具经济价值，不但可做成受人喜爱的葵瓜子，更可榨出低胆固醇的高级食用葵花油。